Sitzungsberichte
der Akademie der Wissenschaften
der DDR
Mathematik – Naturwissenschaften – Technik

22 N

1981

Ausgewählte Forschungsergebnisse der Physik

Dem Wirken Robert Rompes gewidmet

AKADEMIE-VERLAG · BERLIN

THEORIA CUM PRAXI

Sitzungsberichte
der Akademie der Wissenschaften
der DDR
Mathematik - Naturwissenschaft - Technik

Jahrgang 1981 · Nr. 22/N

Ausgewählte Forschungsergebnisse der Physik

Dem Wirken Robert Rompes gewidmet

AKADEMIE-VERLAG · BERLIN
1983

Vorträge des Kolloquiums anläßlich
des 75. Geburtstages von Robert Rompe,
Ordentliches Mitglied der Akademie der
Wissenschaften der DDR, am 11. September 1980

Herausgegeben im Auftrage
des Präsidenten der Akademie
der Wissenschaften der DDR
von Vizepräsident Prof. Dr. Heinrich Scheel

ISSN 0138-3956
Erschienen im Akademie-Verlag, DDR-1086 Berlin, Leipziger Str. 3-4

Lizenznummer: 202 · 100/53/82
Gesamtherstellung: VEB Druckhaus Köthen
Bestellnummer: 763 080 0 (2010/81/22/N) · LSV 1105
Printed in GDR
DDR 10,– M

Inhalt

Joachim Auth

Eröffnung

Hochverehrter Jubilar, meine Damen und Herren!

Wir sind zu diesem Kolloquium zusammengekommen, um mit dem folgenden wissenschaftlichen Programm unserem Vorsitzenden der Klasse Physik der Akademie der Wissenschaften der DDR, Robert Rompe, anläßlich seines 75. Geburtstages eine Freude zu machen. Wir haben dazu 5 Vorträge über aktuelle Probleme und Ergebnisse der Physik zusammengestellt, die alle Gebiete und Themen betreffen, die Robert Rompe durch sein Wirken selbst bereichert hat. Die Vorträge betreffen Plasmaphysik und Festkörperphysik – zwei Teilgebiete der Physik, die sich als außerordentlich wichtig und fruchtbar für die Weiterentwicklung der Technik und die Befriedigung grundlegender gesellschaftlicher Bedürfnisse erwiesen haben, oder anders ausgedrückt, wenn wir von der von Robert Rompe geprägten Nomenklatur fundamentaler Probleme in der Physik ausgehen, die sich als außerordentlich ertragreich für die Lösung von A-Problemen erwiesen haben.

Es ist Robert Rompes gesellschaftlichem Verantwortungsbewußtsein und seiner optimistischen Weitsicht zu danken, daß nach der Zerschlagung des Hitlerfaschismus durch die ruhmreiche Sowjetarmee bei dem Neuaufbau des Hochschulwesens und der heutigen Akademie der Wissenschaften der DDR gerade diesen Teilgebieten der Physik so besondere Aufmerksamkeit gewidmet wurde. Heute wird im Zentralinstitut für Elektronenphysik der AdW der DDR Plasmaphysik und Festkörperphysik auf hohem Niveau betrieben, und die Humboldt-Universität verfügt über ein reichhaltiges Spektrum festkörperphysikalischer Arbeitsrichtungen. Diese beiden für uns heute, da es um die breite Entwicklung und Durchsetzung der Mikro- und Optoelektronik in unserem Lande geht, so wertvollen Tatsachen, danken wir dem Wirken Robert Rompes. Wir haben versucht, diesen Sachverhalt in der Zusammenstellung des Programms unseres Kolloquiums zum Ausdruck zu bringen.

Das Programm versucht auch einem weiteren Charakteristikum von Rompes Wirken gerecht zu werden, der Auffassung der Physik als einer Einheit von experimenteller und theoretischer Tätigkeit, um hier von Klaus Fuchs eingeführte Begriffe zu gebrauchen. Robert Rompe versteht Theoretische Physik und Experimentalphysik stets als eine Einheit, und er vermittelte dies auch schon den Studenten in der Vorlesung „Struktur der Materie", die er jahrelang an unserer Humboldt-Universität gehalten hat. Gemeinsam mit theoretischen Physikern hat er zahlreiche wissenschaftliche Arbeiten publiziert. Durch seine enge Zusammenarbeit mit Friedrich Möglich wurde der Berliner Festkörperphysik das Profil gegeben. Diese enge Verbundenheit Robert Rompes mit der theoretischen Physik spiegelt sich in unserem Programm darin wider, daß 3 Vorträge von bedeutenden theoretischen Physikern unserer Republik dargeboten werden, von Persönlichkeiten, die wohl selbst Wesentliches in ihrem wissenschaftlichen Werden Robert Rompe zu verdanken haben.

Die Themen, zu denen sie sprechen, zeigen beispielhaft die Aktualität und die Fruchtbarkeit der von Rompe in Berlin initiierten Arbeitsrichtungen. Der Vortrag von Wolfram Brauer „Das Plasmon und die Sekundärelektronenemission" läßt zugleich die wichtigen, von R. Rompe in Lehre und Forschung immer wieder betonten und genutzten Parallelitäten in der Begriffs- und Modellbildung zwischen Plasmaphysik und Festkörperphysik anklingen.

Rolf Enderleins Vortrag „Multiphonon-Rekombination freier Ladungsträger in Halbleitern" erinnert schlaglichtartig daran, daß das für die moderne Elektronik grundlegende Teilgebiet der Physik, die Halbleiterphysik, zugleich die Physik selbst mit fundamentalen Begriffsbildungen bereichert hat. Beides ist Ausdruck der Einheit der Physik, für deren Bewahrung, Pflege und bewußte Nutzung R. Rompe sich immer mit Leidenschaftlichkeit einsetzt.

Der Vortrag von Werner Ebeling „Thermodynamisch-statistische Fluktuationen und Kinetik der Keimbildung" ist einem fundamentalen Problem der Physik selbst, einem C-Problem nach der von Rompe geprägten Nomenklatur, gewidmet, das ein Bindeglied zwischen Physik und Physikalischer Chemie darstellt. Damit wird in unserem Programm ein weiteres ständiges Anliegen R. Rompes deutlich: das enge Zusammengehen von Physik und Chemie, das er selbst als Herausgeber der Zeitschrift für Physikalische Chemie gemeinsam mit Kurt Schwabe, durch viele Initiativen in der Klasse Physik, durch Drängen auf eine komplexe Betrachtung der Probleme der Mikroelektronik u.a. ständig gefördert hat und fördert.

Der Vortrag von Siegfried Schiller „Das Ringspalt-Plasmatron in der Vakuumbeschichtung - Stand und Entwicklungstendenzen" steht für R. Rompes Engagement in der und für die angewandte Physik sowie für die Aufmerksamkeit, die sein Geburtstag außerhalb seiner wissenschaftlichen Heimateinrichtungen, der Berliner Universität und der Akademie, findet.

Schließlich erinnert uns der Vortrag von Hanns A. Rathsack „Antifoulingforschung - neue Ergebnisse und wirtschaftliche Bedeutung" daran, daß Robert Rompe stets ein Anreger und Förderer von unkonventionellen, neuen Ideen und Lösungswegen war und ist, die häufig unerwartet erfolgreich und auch ökonomisch bedeutend sind.

ROBERT ROMPES Wirken gilt von Anfang an dem Wachsen und Blühen der Physik in unserem Lande, in der sozialistischen Deutschen Demokratischen Republik. Mit besonderer Liebe hat er sich dabei jedoch stets dem Norden unserer Republik zugewandt, auch das findet in unserem Programm in der Auswahl der Vorträge einen gewissen Niederschlag.

Verehrte Anwesende, ich habe eingangs gesagt, wir wollen unserem Jubilar mit dem Kolloquium eine Freude machen. Wir tun das am meisten mit guten, interessanten und wissenschaftlich anregenden Vorträgen, denn das ist ein Wesenszug R. ROMPES - seine Freude an der Wissenschaft.

Ich hoffe, daß unser Kolloquium, das ich hiermit eröffne, unserem Anliegen und den daraus folgenden hohen Ansprüchen an Form und Inhalt gerecht werden wird.

Heinrich Scheel

Lieber Robert Rompe, liebe Frau Rompe,
meine Damen und Herren!

Wenn ein Gesellschaftswissenschaftler es unternimmt, dieses Kolloquium anläßlich des 75. Geburtstages von ROBERT ROMPE durch eine Laudatio einzuleiten, so möge man nicht erwarten, daß eine Würdigung der wissenschaftlichen Leistungen des Physikers ROMPE geboten werden wird. Seine Beiträge zur Plasmaphysik, zur modernen Lichterzeugungstechnik und zu ausgewählten Problemen der Festkörperphysik sind Leistungen von international anerkanntem hohem Range, die angemessen zu würdigen einen naturwissenschaftlichen Laudator verlangten.

Ich möchte über ROBERT ROMPE als Wissenschaftler schlechthin und als Kommunisten sprechen, aus einer sehr persönlichen Sicht, die ich in zwei Jahrzehnten ungezählter Begegnungen auf den unterschiedlichsten Ebenen - in der Partei, in diversen wissenschaftlichen Gremien, im persönlichen Zwiegespräch - gewonnen habe, eine Sicht, die bei aller persönlichen Färbung - dessen bin ich gewiß - vielen der heute hier Anwesenden nicht fremd, sondern, weil aus eigenem Erleben ähnlich gewonnen, vertraut sein wird.

ROBERT ROMPE hat mich immer fasziniert. Wenn ich mich nach der Ursache frage, muß ich verschiedene nennen.

Da ist zum einen die ungewöhnliche Breite seiner Bildung. Und diese Feststellung gilt sowohl für den Physiker im besonderen wie für den Wissenschaftler im allgemeinen. Als Physiker zeichnet ihn sein tiefempfundenes Verständnis von der Physik als Einheit aus, in der die verschiedenen Teilgebiete sich wechselseitig befruchten und so neue physikalische Erkenntnisse entstehen lassen, die sicher ihren theoretischen Wert an sich besitzen, aber von ihm zugleich stets unter dem Gesichtspunkt der Umsetzung in die gesellschaftliche Praxis gesehen werden. Ich sprach von seinem tief empfundenen Verständnis von der Physik als Einheit, und ich habe den Begriff der Empfindung bewußt gewählt, weil dieses Verständnis das ganze Wesen des Physikers ROMPE erfüllt. Darum auch - so glaube ich - ist er der gesuchte Gesprächspartner vieler Physiker unterschiedlichster Provenienz mit den unterschiedlichsten Aufgabenstellungen. Ich weiß beispielsweise von JÜRGEN TREDER, daß für ihn die von ROBERT

ROMPE im Gespräch entwickelten Fragestellungen, weil sie nicht nur seine Kompetenz belegen, sondern als Impulse zu vertiefter theoretischer Durchdringung wirken, unverzichtbar sind.

Die ungewöhnliche Breite seiner Bildung endet beileibe nicht bei der Physik. Ich weiß nicht zu sagen, wofür er sich eigentlich nicht interessiert, wobei ich das Wort in seiner ursprünglichen Bedeutung meine: Interesse, das heißt dabei sein; ich weiß also nicht, wofür er sich nicht zu *engagieren* bereit ist. Die Geschichte hat es ihm angetan - das weiß ich genau, die schöne Literatur nicht minder, aber auch die Sprachwissenschaft, die Pädagogik; nur ganz am Rande erwähne ich die Angelfischerei auf Hiddensee. Auf allen diesen und anderen Gebieten ist er ein ungemein anregender Gesprächspartner, selbst dann, wenn man seinen Darlegungen widersprechen muß. Was die Geschichte angeht, so habe ich es am eigenen Leibe erfahren. Es ist tatsächlich so: ROBERT ROMPE exemplifiziert in seiner Person die Forderung unserer Klassiker, daß „Kommunist einer nur dann werden (kann), wenn er sein Gedächtnis um alle die Schätze bereichert, die von der Menschheit gehoben worden sind" (Lenin, 31, 277).

Das allein schon ist faszinierend.

Faszinierend aber auch ist, wie er mit diesen Schätzen umzugehen pflegt, wie er sie gleichsam an den Mann zu bringen versteht. Das Gehabe des eitlen Gelehrten, der auf hohem Kothurn stelzt, ist ihm total wesensfremd. Er ist immer Partner, der seinen nahezu unerschöpflichen Ideenreichtum dem anderen oder den anderen freimütig zur Verfügung stellt und Widerspruch nicht nur gelten läßt, sondern nachgerade provoziert, weil er als Dialektiker seiner bedarf, um seine Gedanken zu präzisieren. Wir sprechen viel vom Meinungsstreit; ROBERT ROMPE praktiziert ihn, wo er geht und steht und sitzt. Und er sitzt viel, in vielen Gremien in und außerhalb der Akademie, die er auf vielfältige Weise anregend befruchtet. Das gilt heute ebenso wie für all die Jahre seit 1945, in denen er in den verschiedensten Funktionen am Aufbau und an der Entwicklung des wissenschaftlichen Lebens in unserer Republik maßgeblichen Anteil nahm und nimmt, angefangen bei der Wiedereröffnung der Berliner Akademie über den Aufbau unserer Hochschulen und die Gründung seiner geliebten Physikalischen Gesellschaft, der er noch heute vorsteht, bis zu seinen Aktivitäten im Präsidium und Plenum der Akademie, in der Klasse Physik, die er nach wie vor leitet, und last not least in seiner interdisziplinär orientierten wissenschaftlichen Mittwochsgesprächsrunde.

ROBERT ROMPE hat dabei einen Erfahrungsschatz von wissenschaftshistorischem, wissenschaftsorganisatorischem und wissenschaftsprognostischem Wert gesammelt, den er freigebig mitteilt, oftmals in Gestalt selbsterlebter Geschichten, die ihm Kraft eines unwahrscheinlich präzisen Gedächtnisses bis in kleinste Details gegenwärtig sind und die er auf eine Art mitzuteilen weiß, die ästhetischen Genuß erzeugt. Berühmt sind auch seine „Bauernregeln", die er stets parat hat, die sicher - wie es „Bauernregeln" nun einmal an sich haben,- grobschlächtiger angelegt sind, aber doch bedenkenswerte Wahrheiten enthalten. Noch gestern bei der Gratulationscour hat er mit einer solchen „Bauernregel“ eine Lanze für unsere Gartenzwergproduktion gebrochen.

Das Engagement des Wissenschaftlers ist immer und überall zugleich das Engagement des Kommunisten ROBERT ROMPE. Er ist ein kommunistischer Wissenschaftler, dessen Leben und Wirken untrennbar mit der Sache der Arbeiterklasse verbunden ist und der sich wahrlich hervorragende Verdienste um die Festigung des Bündnisses zwischen der Arbeiterklasse und der Intelligenz bei uns erworben hat. Ich will und kann hier nicht in aller Breite dazu sprechen. Statt dessen ein Beispiel: Unser vormaliger Präsident, Herr KLARE, erinnert in seinem Geburtstagsglückwunsch, den er aus dem Urlaub an ROBERT ROMPE richtete, an die Oktoberrede vom Jahre 1961. Mit dieser politischen Rede wandte sich Herr KLARE nach der Befestigung unserer Grenze gegenüber Westberlin an die damalige Forschungsgemeinschaft der naturwissenschaftlich-technischen Institute unserer Akademie. Sie hatte in jener Situation für unsere Akademie — und nicht nur für die Akademie - eine enorme Bedeutung. Erarbeitet war diese Rede zusammen mit ROBERT ROMPE. Gewiß, es gehörte schon ein Mann wie KLARE dazu. Aber sie wäre nicht so gehalten worden ohne ROBERT ROMPE, der mit ungemein feinem politischen Gespür und Takt genau den Ton traf, der Herrn KLARE und über ihn die anderen erreichte. Eine Tat, die des Erinnerns wert ist und für viele, sehr viele steht.

Lieber ROBERT ROMPE, statt des obligaten Danks, mit dem laudationes zu enden pflegen, will ich mit der Feststellung schließen:

Wir brauchen Dich, ROBERT, heute und morgen wie eh und je, und wir sind sehr froh, daß es Dich gibt.

Wolfram Brauer

Das Plasmon und die Sekundärelektronenemission

Als zu Beginn des Jahres 1902 AUSTIN und STARKE im Physikalischen Institut der Berliner Universität am Reichstagufer erstmals die Emission sekundärer Elektronen (SE) aus Metallplatten, die von primären Kilovolt-Elektronen (PE) getroffen wurden, beobachteten, konnten sie nicht ahnen, daß die Bemühungen der Physiker, dieses Phänomen quantitativ zu verstehen, sich durch das ganze 20. Jahrhundert hinziehen würden. Auch jetzt noch, am Beginn der 80er Jahre, sind grundlegende Fragen der Sekundärelektronenemission (SEE) durchaus kontrovers und die verwickelten Vorgänge wohl nicht gänzlich verstanden. Diese temporäre Eigenschaft hat die SEE mit der Photoemission, d.h. der Befreiung von Festkörperelektronen durch Licht, gemeinsam. Auch dieser in mancherlei Hinsicht bedeutsame Vorgang enthält noch, fast 100 Jahre nach seiner Entdeckung durch H. HERTZ und HALLWACHS (1887), ungelöste Probleme, z.T. denen der SEE durchaus verwandt. EINSTEINS Lichtquantenkonzeption von 1905 klärte hier zwar einen für die allgemeine Physik fundamentalen Aspekt, machte aber wohlweislich über den gesamten Komplex der emittierten Elektronen keinerlei Aussage. Es ist sicher interessant zu vermerken, daß die SEE in diesem Zusammenhang eine komplementäre Rolle spielt: Im Verlaufe ihrer Untersuchungen zu diesem Problem entdeckten 1927 DAVISSON und GERMER die duale Natur der Elektronen, wie EINSTEIN diejenige der Photonen über 20 Jahre zuvor.

Es darf vielleicht weiter an dieser Stelle erwähnt werden, daß das erste Elektronenemissionsphänomen vor gerade 100 Jahren entdeckt wurde, im Zusammenhang mit der Erfindung der elektrischen Glühlampe durch EDISON. Dieser fand im Verlaufe seiner Experimente das, was wir heute als Glühelektronenemission bezeichnen, und was so natürlich allenfalls nach der THOMSONschen Entdeckung des Elektrons (1897) bezeichnet werden konnte. In seiner einzigen Publikation, über 1000 Patenten gegenüberstehend, legte EDISON 1884 diese wichtige Beobachtung dar, die u.a. einer der Ausgangspunkte des elektronischen Zeitalters werden sollte.

Doch zurück zur SEE. Bis zum Beginn der 30er Jahre gab es da keine wesentlichen neuen Erkenntnisse, die über das etwa 1905 bereits Bekannte hinausgegangen wären. 1931 jedoch kam es zu einer ersten eingehenden theoretischen Behandlung des Phänomens. FRÖHLICH, der bekanntlich 20 Jahre später den Schlüssel zum Verständnis der Supraleitung fand, formulierte damals eine halbquantitative Theorie der SEE, die auf dem BLOCHschen Modell der Metalle (1928) basierte. Dabei ergab sich zwingend, worauf FRÖHLICH besonderen Wert legte, das Verschwinden des Effekts bei freien Elektronen, d. h. im SOMMERFELDschen Elektronengas. Danach beruhte die SEE vollkommen auf der Bindung der Elektronen an das Metall. Dieser Sachverhalt, eine einfache Folge der Erhaltungssätze für Energie und Impuls, würde sozusagen postum erklären, weshalb seltsamerweise im Laufe der Jahrzehnte seit der Entdeckung von AUSTIN und STARKE niemals eine Theorie des Phänomens auf der Grundlage der alten DRUDEschen Theorie der Metalle versucht worden ist. Tatsächlich tut er es aber nicht. Der Grund dafür liegt in der Nichtberücksichtigung jeder richtungsverändernden Wechselwirkung, also z.B. auch der gewiß vorhandenen elastischen Stöße der durch den Primärstrahl angeregten Elektronen. Erst 1939 machte dann KADYSCHEWITSCH in der Sowjetunion einen Versuch, sich auf Grund solcher Vorstellungen einer anderen Theorie der SEE zu nähern, doch erinnert die erstaunliche Kompliziertheit und Parameterfülle dieser Arbeit sehr an jene frühe Elektronentheorie der Metalle von RIECKE (1898), welche ja der relativ einfachen, klärenden Arbeit von DRUDE (1900) vorausging. Seit jener Zeit spielt bei der Interpretation der SEE die Frage nach der relativen Bedeutung der Beiträge freier und gebundener Elektronen eine zentrale Rolle.

Es sollte an dieser Stelle vielleicht nicht unerwähnt bleiben, daß in der Mitte der 30er Jahre, zu einer Zeit also, als das theoretische Verständnis der SEE noch in den Kinderschuhen steckte, die beiden bis heute wichtigsten Anwendungen dieser Erscheinung gefunden wurden: KNOLL in Berlin konstruierte eine Apparatur, die man als Prototyp des heutigen Rasterelektronenmikroskops bezeichnen kann; ZWORYKIN in den USA brachte einen ersten funktionstüchtigen SE-Verstärker zustande. Anwendung in immer größerer technischer Perfektion ging in diesem Fall also der physikalischen Einsicht um Jahrzehnte voraus, und während es, wie hier dargelegt werden soll, an letzterer immer noch mangelt, spielen die genannten applikativen Aspekte der SEE seit geraumer Zeit in der Forschung selbst, aber auch bei der Analyse mikroelektronischer Schaltkreise eine bedeutsame Rolle.

Um das Jahr 1940 hatten sich durch die äußerst sorgfältigen Messungen von KOLLATH, durchgeführt im RAMSAUERschen Forschungslaboratorium der AEG, die Fakten zu SEE weitgehend geklärt. Der problematische Umgang mit Elektronen weniger eV hatte bis dahin einer reproduzierbaren, zuverlässigen Darstellung der energetischen Eigenschaften der SE durchaus im Wege gestanden. Kollath fand nun, daß diese, ziemlich unabhängig sogar vom jeweils untersuchten Metall, ein Häufigkeitsmaximum bei etwa 2 eV besitzen und sich überhaupt nur bis ungefähr 20 eV hin erstrecken.

Zur gleichen Zeit (1940) unternahm es Ruthemann auf Anregung Kossels, das Verhalten von Kilovolt-Elektronen beim Durchgang durch dünne Metallschichten zu studieren. Das Ergebnis seiner Untersuchungen war, wie sich erst lange danach erwies, eine der bedeutendsten Entdeckungen in der Physik miteinander wechselwirkender Metallelektronen. In den von Ruthemann registrierten „diskreten Energieverlusten" manifestierten sich nämlich erstmals in Festkörpern sogenannte Plasmonen, spezielle Elementaranregungen eines wechselwirkenden Elektronensystems. Die Energieverlust-Kurven wurden dabei ausdrücklich bei Aluminium-Folien als „sehr schmal und scharf" apostrophiert, der erste quantitative Hinweis auf die besondere Rolle dieses Stoffes in bezug auf die Gültigkeit der Drudeschen Theorie freier Elektronen in Metallen. Den fraglichen Energie-Verlust fand Ruthemann beim Aluminium zu 15 eV.

Es dauerte wiederum mehr als 10 Jahre, ehe es Pines in den USA gelang, Ruthemanns diskrete Energieverluste als das zu interpretieren, was sie im Rahmen der modernen Theorie wechselwirkender Elektronen tatsächlich sind: quantisierte Anregungen kollektiver Schwingungszustände des Gesamtsystems der Metallelektronen.

Hier berührt sich nun die vorgetragene Problematik mit einer Arbeit unseres verehrten Herrn Rompe, die dieser gleichfalls vor nunmehr 40 Jahren zusammen mit Möglich publizierte. Sie behandelte ebenfalls die Frage des Eindringens schneller Elektronen in einen Festkörper und übertrug dabei ausdrücklich die bei klassischen Gasplasmen gemachten Erfahrungen auf das System der Leitungselektronen, dessen Plasmacharakter damit erstmals als Konzeption klar hervortrat. Der Gedanke an die seit 1929 (Tonks und Langmuir) bei Gasplasmen bekannten Plasmaschwingungen lag, möchte man im nachhinein sagen, greifbar nahe, kam aber neben dem Behandelten nicht zur Ausführung.

Der innere Zusammenhang der also seit 1940 manifesten, seit 1952 physikalisch verstandenen Plasmonen mit unserem Problem der SEE blieb dann aber lange noch ganz im Dunkel. Die Theorie der Anregung der Metallelektronen durch ihre Wechselwirkung mit dem Primärelektron berücksichtigte lediglich den kurzreichweitigen Anteil der Coulomb-Kraft, der einem üblichen abgeschirmten Potential entspricht. Plasmonen aber korrelieren gerade dem langreichweitigen Anteil der Wechselwirkung, die durch eine sehr kleine dielektrische Funktion eher verstärkt wird. Lag es deshalb nicht nahe anzunehmen, daß diese plasmonanregenden, langreichweitigen Stöße merklich häufiger waren als die direkten Elektron-Elektron-Stöße durch das abgeschirmte Coulomb-Potential? Im Jahre 1969 bewies eine numerische Auswertung der Theorie am Aluminium durch Ritchie et al. die Richtigkeit dieser Vermutung:

Oberhalb von 60 eV, bei welcher Energie etwa alle 6 Å ein Plasmon angeregt wird, überwiegt dieser Stoßmechanismus denjenigen der individuellen Stöße deutlich. Bei 2 KV-Elektronen ist das Verhältnis der Anregungshäufigkeiten von Plasmonen und Einzelelektronen 3,3:1.

Wie jeder Anregungszustand muß auch das Plasmon eine endliche Lebensdauer haben. Ihr entspricht die energetische Breite der Verlustlinien, die beim Al 0,5 eV beträgt. Hier erhebt sich nun die Frage nach der Art und Weise dieses Plasmon-Zerfalls, speziell interessiert uns, ob und wie dieser Zerfall mit der Anregung individueller Elektronen verknüpft ist, die sich dann möglicherweise ebenfalls als SE wiederfinden müssen.

Die Idee, daß solches im merklichen Ausmaß geschieht, d.h. daß ein nicht zu vernachlässigender Prozentsatz von SE aus dem Zerfall der zunächst angeregten Plasmonen stammt, äußerte als erster 1965 GORNYI in einer kurzen, kaum beachteten Arbeit. Die Dinge kamen erst in Fluß, nachdem gegen Ende der 60er Jahre mit der Entwicklung der Ableitungsspektroskopie ein bedeutender Schritt in der experimentellen Technik getan war. Jetzt konnten Energieverteilungen mit einer bislang nicht für möglich gehaltenen Genauigkeit analysiert werden, ein Faktum, das insbesondere bei der Erforschung von Oberflächen durch AUGER-Elektronenemission große Bedeutung erlangte.

Als man derart erneut die Energieverteilung der SE von Al untersuchte, fand man in der Ableitungskurve $j'(E)$ zwei Minima bei etwa 6,5 und 10,5 eV. Bezieht man diese Energien auf die Fermi-Fläche, d.h. addiert man die Austrittsarbeit $\Phi = 4{,}2$ eV, so erhält man Minima bei 10,7 und 14,7 eV. Beide Zahlen stimmen genau genug mit den Energien von Oberflächen- und Volumenplasmonen beim Al (10,6 und 15 eV) überein, um die Interpretation als wahrscheinlich gelten zu lassen, sie gehörten zu „Schultern" der Verteilungskurve $j(E)$, die durch Anregung von Fermi-Flächen-Elektronen mit den Plasmon-Energien entstehen (POWELL und WOODRUFF 1972). Diese Vorstellung hat sich indessen weitgehend durchgesetzt, obgleich sie auch jetzt noch nicht ganz unbestritten ist.

Für die Theorie entstand damit das Problem, den Prozeß des Plasmon-Zerfalls und das Spektrum der bei diesem Zerfall entstehenden angeregten Elektronen in der rechten Weise zu beschreiben.

Ein im Festkörper vorhandenes Plasmon (langer Wellenlänge) ist, wie man sich klarmacht, durchaus vergleichbar einem Photon gleicher Energie in dieser Situation (WOLFF 1953). Formal drückt sich das im Rahmen der dielektrischen Theorie durch die Relation für die Halbwertsbreite Γ der Verlustlinien aus gemäß der Beziehung

$$\Gamma = \hbar\omega_p \cdot \varepsilon_2(\omega_p), \qquad \varepsilon = \varepsilon_1 + i\varepsilon_2.$$

$\varepsilon_2(\omega)$, der Imaginärteil der dielektrischen Funktion, beschreibt dabei eben u.a. auch die gewöhnliche optische Interbandabsorption elektromagnetischer Strahlung. Diese Absorption setzt nun aber bekanntlich das Vorhandensein eines endlichen Kristallpotentials voraus, verliert ihren Sinn bei freien Elektronen. Offensichtlich findet man derart auf dem Umweg über die Plasmonen eine gewisse Rechtfertigung von FRÖHLICHS Behauptung, freie Elektronen zeigten keine SEE: Plasmonen bedürfen wie Lichtquanten zum Zerfall tatsächlich des endlichen Kristallpotentials.

Jeder solcher ins Auge gefaßten Theorie steht jedoch zunächst die Schwierigkeit entgegen, das keineswegs schwache Kristallpotential angemessen zu behandeln. Als rettenden Ausweg aus dieser sich durch die ganze Festkörperphysik hinziehenden Problematik erfand man vor ungefähr 20 Jahren Pseudo- und Modellpotentiale. Diese, im Unterschied zum Kristallpotential nur schwach veränderlichen Funktionen bilden seitdem das Fundament vieler quantitativer Untersuchungen in der Festkörperphysik. Ihre schwache Veränderlichkeit im Raum wird dabei erkauft durch die Beschränkung auf ein begrenztes Gebiet von (interessierenden) Energien, auf das sie angewendet werden können, durch ihre Vieldeutigkeit und durch eine Eigenschaft, die man als Nichtlokalität bezeichnet und die besagt, daß diese nützlichen Hilfspotentiale nicht nur von einem Aufpunkt im Raum abhängen, wie das die herkömmlichen Potentiale, also auch das Kristallpotential, natürlich tun.

Aluminium ist nun, wie man aus den Arbeiten von HEINE (1957) und Mitarbeitern (1965) sicher weiß, der beste Kandidat für die Anwendung der Pseudo- und Modellpotentiale. Es hängt dies mit seiner Eigenschaft zusammen, als Atom ausschließlich *s*- und *p*-Funktionen zu besitzen. Im Metall bilden dieselben dann den Ne-Rumpf der *K*- und *L*-Schale sowie die 3 Leitungselektronen. Der Rumpf beansprucht dabei nur 4% des Gesamtvolumens der WIGNER-SEITZ-Zelle. Im restlichen Raumbereich herrschen dagegen Kraftverhältnisse, die, recht verstanden, den DRUDEschen Voraussetzungen einer Theorie freier Elektronen, soweit wie sonst nirgends in der Natur realisiert, korrespondieren. Die Schärfe der Plasmon-Verlustlinien ist eine direkte Konsequenz dieses Sachverhalts.

Ich werde nun an dieser Stelle nicht weiter auf die Einzelheiten der Bestimmung des besagten Modellpotentials des Aluminiums eingehen, die 1965 von HEINE und ANIMALU bewältigt wurde und seitdem zu den sicheren Fakten der Festkörpertheorie gehört. Spektroskopische Daten des Einzelatoms gehen dabei als empirische Eingangsgrößen in die Rechnung ein, die am Ende das (fouriertransformierte) fragliche Potential in tabulierter Form liefert.

Ein für unser Problem bedeutsamer Test auf die Konsistenz desselben besteht in seinen Werten bei $\mathfrak{K}_1$ und $\mathfrak{K}_2$, d.h. an den Stellen der beiden kürzesten reziproken Gittervektoren in [111]- und [200]-Richtung. Beide Potentialwerte bestimmen eindeutig die sehr präzis vermeßbare FERMI-Fläche des Aluminiums und umgekehrt und wurden 1963 von ASHCROFT eben derart festgelegt. Sie stimmen mit den auf ganz andere Weise berechneten Zahlen von HEINE und ANIMALU praktisch überein, wie man es auch nach ASHCROFT verlangen muß.

Doch zurück zum Plasmon-Zerfall. Untersucht man die Frage, welche FOURIER-Koeffizienten des Modellpotentials verantwortlich sein können für diesen Prozeß im Aluminium, so findet man, daß es neben den beiden oben genannten, die zu den Richtungen [111] und [200] im reziproken Raum gehören, noch derjenige zur Richtung [220] ist. Im Unterschied zu den beiden ersten schneidet die ihm zugehörige BRILLOUINsche Ebene die FERMI-Kugel des Aluminiums nicht, bestimmt also weder diese noch wird von ihr bestimmt. Doch die HEINE-ANIMALUsche Berechnung ergibt diesen Wert, wie natürlich auch alle anderen höheren FOURIER-Koeffizienten, die aber im hier interessierenden Fall in Strenge keine Anwendung finden.

Berechnet man derart die Peak-Breite der Plasmon-Linie in Abhängigkeit vom Wellenvektor, d.h. von der Beobachtungsrichtung der Elektronen nach einer Plasmon-Anregung, so findet man eine sehr befriedigende Übereinstimmung mit den in den letzten Jahren (KRANE 1978) durchgeführten Experimenten. Die theoretische Kurve basiert hier auf dem vollen nichtlokalen Modell-Potential und ergibt für langwellige Plasmonen den Wert $\Gamma(0) \approx 0{,}5$ eV. Man kann sich davon überzeugen, daß die Mitberücksichtigung des dritten FOURIER-Koeffizienten des Modell-Potentials dabei durchaus von Bedeutung ist. Solche Rechnungen wurden erstmals 1978 von STURM durchgeführt, allerdings auf Grund eines vom hier verwendeten nichtlokalen Potential verschiedenen lokalen.

Es bedeutet nun eine rein rechnerische Aufgabe, mittels des besagten Modell-Potentials auch die weit detailliertere Frage zu beantworten, welchen Anregungszustand im Elektronensystem das zerfallene Plasmon zurückläßt, d.h., wie nach seinem Zerfall sich die Energie von 15 eV auf einzelne Elektronen verteilt und in welcher Richtung sich diese bewegen. Letzteres ist neben der Angabe der Energie bei jeglichem Emissionsphänomen von großer Bedeutung, da die Oberflächenbarriere (von hier 4,2 eV) wie ein Selektiv-Filter wirkt: Elektronen mit einer Energie E (bezogen auf das FERMI-Niveau) im Metall können nur austreten, wenn ihr innerer Einfallswinkel β kleiner ist als der Winkel

$$\beta_E = \arccos \sqrt{\frac{E_F + \Phi}{E_F + E}} \,.$$

Hier bedeutet das die Notwendigkeit, nicht nur die Energieabhängigkeit der Elektronenanregung, sondern die detaillierte Energie-Winkelverteilung in der Theorie zu behandeln. Das Ergebnis solcher Rechnung besteht dann in der Kenntnis der sog. Anregungsfunktion, hier bewirkt durch den Plasmon-Zerfall, d.h. der Zahl von Elektronen, die pro sec und cm^3 mit einer gewissen Geschwindigkeit aus diesem Zerfall resultieren. Das ist der erste Schritt auf dem Wege zur Berechnung unseres Emissions-Phänomens.

Der zweite betrifft die Beeinflussungen, denen die Elektronen im Metall auf ihrem Weg zur inneren Oberfläche ausgesetzt sind. Sie bestehen in der Wechselwirkung mit Ionenrümpfen und Leitungselektronen. Erstere streuen unsere Elektronen elastisch, letztere inelastisch unter Verdopplung der Elektronenzahl bei jeglichem Stoß zwischen einem angeregten und einem FERMI-Elektron. Es bildet sich eine Elektronenkaskade, gerade so, wie man sie auch aus der Physik der Gasentladungen kennt.

Der wesentliche Unterschied zwischen beiden Erscheinungen besteht lediglich in der allerdings entscheidenden Wirksamkeit des PAULI-Prinzips im Fall der Metalle. Angeregte Elektronen, die sich „in der Nähe" der FERMI-Fläche befinden, sind nämlich am Energieaustausch mit den Elektronen der FERMI-See dadurch gehindert, daß das PAULI-Verbot kinematisch mögliche, aber eben bereits besetzte Endzustände versperrt. Dadurch kommt es zu freien Weglängen von etwa 80 Å für angeregte Elektronen der Energie Φ ($\approx 4{,}2$ eV), die für 40 eV-Elektronen auf ein Minimum von 3 Å abfallen. Das PAULI-Prinzip führt damit auf eine enorme Energieabhängigkeit der inelastischen freien Weglänge, so daß es eine ganz schlechte Näherung wäre, sie durch einen konstanten Mittelwert zu approximieren.

Der unter dem Einfluß dieser elastischen und inelastischen Stoßprozesse sich einstellende stationäre Zustand wird dann rein rechnerisch durch die Lösung der BOLTZMANN-Gleichung bestimmt und diese zur Erledigung des dritten, des Austrittsschritts, dem Barrierenfilter der Oberfläche unterworfen. Das Ergebnis besteht somit in der Kenntnis der Energie-Winkelverteilung der in den Außenraum emittierten Elektronen. Integration über alle Variablen liefert die Ausbeute. Die berechnet sich hier (für $E_0 = 2$ KV) zu 0,05, der experimentelle Wert ist 0,19. Dieser theoretische Wert umfaßt aber nur die aus dem Plasmon-Zerfall stammenden SE, mit Energien im Außenraum nicht größer als $\hbar\omega_p - \Phi \approx 10{,}5$ eV. Schnellere SE, aber auch solche mit Energien $< 10{,}5$ eV, müssen und werden also aus den beiden anderen Anregungsmechanismen stammen, die hier beteiligt sind: individuelle Anregungen aus dem Leitungsband und den Rumpftermen, hier insbesondere dem $2p$-Term mit einer Ionisierungsenergie von 77 eV. Beide Beiträge zur gesamten SEE unterscheiden sich physikalisch hauptsächlich dadurch von demjenigen durch den Plasmon-Zerfall, daß sie der Kenntnis des Kristall-Potentials nicht bedürfen; dieses spielt nur bei letzterem Mechanismus eine elektronenauslösende Rolle. Einmal in Niveaus oberhalb der FERMI-Energie angeregt, verläuft der weitere Vorgang wie oben beschrieben: Elastische und inelastische Stöße ergeben die stationäre Verteilung, die über die Oberflächenbarriere hinweg zu den korrespondierenden Anteilen an der Gesamtausbeute führt. Dabei erweist sich für die Leitungselektronenanregung die Berücksichtigung der dynamischen Abschirmung im Unterschied zur statischen THOMAS-FERMIschen als durchaus wesentlich. Die derart angeregten Metallelektronen können, ist ihre Energie groß genug, selbst wieder Plasmonen anregen, die in der dargelegten Weise zerfallen und zu Elektronen Anlaß geben, denen es natürlich dann an der nötigen Energie mangelt, um diesen Prozeß zu wiederholen. Eine erste, allerdings noch mit einer Reihe von ernsten Mängeln behaftete Theorie der SEE auf der Grundlage der genannten Anregungen aus dem Leitungsband wurde 1977 von CHUNG und EVERHART publiziert.

Die Anregungen aus der quasi-atomaren L-Schale des Aluminium sind natürlich nichts anderes als festkörpermodifizierte BETHE-Prozesse. Von ihrem atomaren Analogon unterscheiden sie sich lediglich in der Auswahl der Endwellenfunktionen, als welche hier orthogonalisierte ebene Wellen gewählt werden, die wohl eine ausreichende Beschreibung der realen Verhältnisse sind. Eine Abschirmung des COULOMB-Potentials der wechselwirkenden Elektronen braucht wegen der enormen räumlichen Konzentriertheit der gebundenen Wellenfunktionen im Aluminium nicht berücksichtigt zu werden. Das Weitere ist wieder aufwendige numerische Auswertung der analytischen Ausdrücke. Ihre Bewältigung ist nebst anderem das Verdienst von Herrn Dr. RÖSLER.

Es ergeben sich die folgenden Zahlenwerte:

$$\begin{aligned} \delta^{\mathrm{Pl}} &= 0{,}052 \\ \delta^{\mathrm{El}} &= 0{,}022 \qquad (E_0 = 2\,\mathrm{KV}) \\ \delta^{\mathrm{R}} &= 0{,}009 \\ \hline \delta_{\mathrm{th}} &= 0{,}083 = \frac{1}{2{,}3}\,\delta_{\mathrm{exp}} \end{aligned}$$

Zwischen den vorliegenden experimentellen Daten und der numerisch ungewöhnlich aufwendigen, keine Anpaßparameter verwendenden Rechnung steht danach also noch etwa ein Faktor 2, um den die theoretischen Ausbeutewerte zu klein sind. Angesichts der Tatsache aber, daß bislang auch andere Meßgrößen am Al, wie z.B. die wohl weniger komplizierte thermische Leitfähigkeit etwa um einen Faktor 2 von den experimentellen Daten abweichen, erscheint es derzeit fraglich, hier die Genauigkeit noch sehr viel weiter treiben zu wollen. An eine entsprechende Behandlung anderer Metalle (oder gar Halbleiter wie Silizium) ist angesichts der schon beim Aluminium auftretenden Schwierigkeiten ohnehin vorerst nicht zu denken.

Ein Ergebnis allerdings dürfte durch die hier vorgetragene Untersuchung gesichert sein: Der geschilderte Plasmon-Mechanismus ist für die SEE des Al jedenfalls der hauptsächliche: Etwa 60% der theoretischen Ausbeute gehen auf seine Rechnung. Das Verhältnis der oben angegebenen Teilausbeuten 6,0:2,4:1 ist bemerkenswerterweise dem Verhältnis der entsprechenden reziproken freien Weglängen, nämlich 6,6:2:1 nahezu gleich. Das heißt aber, die Teilausbeuten von Plasmon-, Elektron- und Rumpfanregung stehen etwa im Verhältnis der analogen Anregungsquoten, eine Aussage, die zwar plausibel, aber keineswegs zwingend ist.

Fragen bleiben am Ende. Die schwerwiegendste betrifft die Energieverteilung der SE. Während die Messungen den früher gezeigten monotonen Abfall hinter dem Maximum ergeben, führt der ganz natürlich in die Theorie eingehende dritte FOURIER-Koeffizient, von dem früher die Rede war, notwendig kurz vor der Plasmon-Schulter in der Energieverteilung zu einem ziemlich scharfen Anstieg der Kurve. Hier erweist sich die Energieverteilung der SE, im Unterschied z.B. zur Breite der Plasmon-Verlustlinien, als eine äußerst empfindliche Sonde zur quantitativen Analyse des Modell-Potentials. Oder spielen bislang nicht beachtete Aspekte, wie Vielteilchen-Effekte, eine wesentliche Rolle dort, wo die hier dargelegte Theorie jene Struktur ergibt, die bisher nicht gesehen wurde? Wie so häufig in der Physik, entstehen auch hier beim Suchen nach einer verbesserten Theorie neue Probleme. Ihre schließliche Bewältigung wird uns wiederum tiefere Einsichten geben im Prozeß der weiteren Annäherung an die vollkommene Antwort auf unsere Fragen.

Literatur

AUSTIN, L., und H. STARKE, Ann. Phys. **9** (1902), 271.

FRÖHLICH, H., Ann. Phys. (5) **13** (1932), 229.

KADYSCHEWITSCH, A. E., Journ. Exp. Theor. Phys. USSR **2** (1940), 115.

KOLLATH, R., Ann. Phys. **1** (1948), 357.

MÖGLICH, F., und R. ROMPE, Phys. Z. **41** (1940), 236.

HACHENBERG, O., und W. BRAUER, Adv. Electr. and Electr. Phys. XI (1959), 413.

POWELL, B. D., und D. P. WOODRUFF, Surf. Sc. **33** (1972), 437.

ANIMALU, A. O. E., und V. HEINE, Phil. Mag. **12** (1965), 1249.

ASHCROFT, N. W., Phil. Mag. **8** (1963), 2055.

STURM, K., Z. Phys. B **28** (1977), 1.

CHUNG, M. S., und T. E. EVERHART, Phys. Rev. B **15** (1977), 4699.

RÖSLER, M., und W. BRAUER, Phys. Stat. Sol. **104** (1981), 161, 575.

Rolf Enderlein

Multiphonon-Rekombination freier Ladungsträger in Halbleitern

Hochverehrter Jubilar, meine Damen und Herren!

Im Jahre 1940 haben ROMPE und MÖGLICH in der Zeitschrift für Physik eine Arbeit veröffentlicht, in der zum ersten Mal ein Phänomen behandelt wurde, dessen Bedeutung für die Halbleiterphysik kaum eher als in den letzten Jahren erkannt worden ist. Das Phänomen, um das es sich dabei handelt, ist die Rekombination von Elektron-Loch-Paaren durch Vielfach-Emission von Phononen.

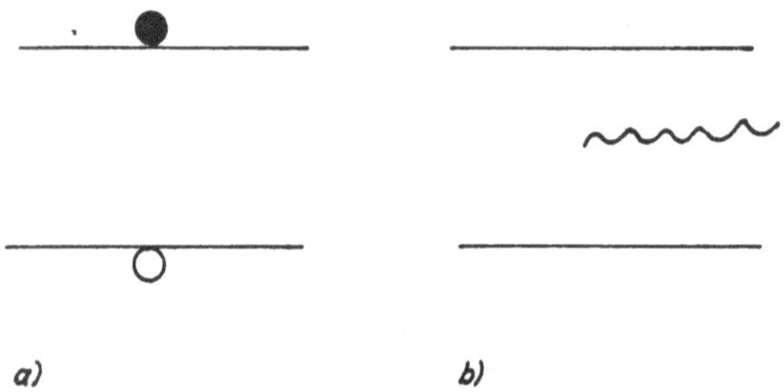

Abb. 1 Elektron im Leitungsband und Loch im Valenzband
a) vor der Rekombination und
b) nach der strahlenden Rekombination

Was die Rekombination selbst betrifft, so stellt sie bekanntlich einen der grundlegenden Prozesse in Halbleitern dar und ist eng mit der wohl wichtigsten Besonderheit dieser Materialien verknüpft, nämlich der Möglichkeit, eine merkliche Anzahl von Nichtgleichgewichtsladungsträgern im Valenz- bzw. Leitungsband zu erzeugen und auf diese Weise die charakteristischen Eigenschaften der Halbleiter gezielt zu beeinflussen. Zusammen mit der Generation bestimmt die Rekombination die Konzentration der Nichtgleichgewichtsladungsträger im stationären Zustand. Das vordringlichste Problem, das sich im Zusammenhang mit der Rekombination eines Elektrons im Leitungsband und eines Loches im Valenzband (siehe Abb. 1a) stellt, ist die Frage, wohin die bei der Rekombination frei werdende Energie abgegeben werden soll. Prinzipiell kann sie auf jedes beliebige System übertragen werden, das mit den Ladunsgträgern in

Wechselwirkung steht. Solche Systeme sind insbesondere die Photonen, die übrigen Elektronen und Löcher im Halbleiter und die Schwingungen des Kristallgitters. Bei der Energieabgabe an das System der Photonen geht ein Elektron aus dem Leitungsband unter Emission eines Photons in das Valenzband über und besetzt dort einen der freien Plätze, vernichtet also ein Loch (Abb. 1b). Dieser als „strahlend" bezeichnete Rekombinationsprozeß wird vor allem in Licht emittierenden Halbleiterbauelementen, sog. LED's, und in Halbleiterlasern ausgenutzt. Um eine möglichst hohe Strahlungseffizienz dieser Bauelemente zu erzielen, sollte ein möglichst hoher Anteil der angeregten Elektron-Loch-Paare strahlend rekombinieren. Leider ist das bei den heute in der Optoelektronik verwendeten A_3B_5-Halbleitermaterialien nicht der Fall.

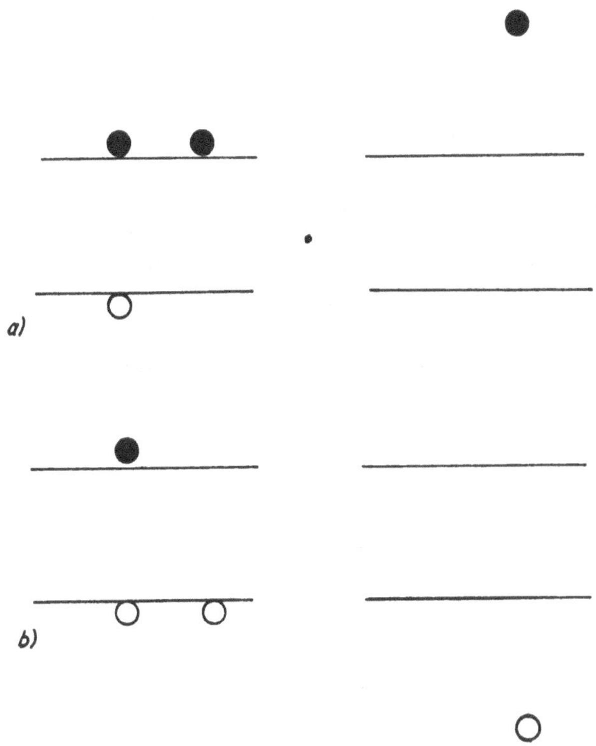

Abb. 2 Beispiele für Auger-Prozesse

Unter günstigen Umständen rekombinieren von 100 Elektron-Loch-Paaren einige wenige strahlend, die übrigen nichtstrahlend. Als „nichtstrahlend" bezeichnet man alle Rekombinationsprozesse, bei denen die Energie nicht an Photonen, sondern an andere Systeme abgegeben wird. Handelt es sich dabei um das System der übrigen Elektronen und Löcher im Halbleiter, können sowohl Einteilchen- als auch Mehrteilchenanregungen erzeugt werden. Einteilchenanregungen entstehen beim Auger-Prozeß, bei dem ein zweites Elektron um die bei der Rekombination freiwerdende Energie im Leitungsband angehoben wird (Abb. 2a). Analog kann die Energie an ein zweites Loch im Valenzband abgeführt werden (Abb. 2b). Als Mehrteilchenanregungen kommen vor allem Plasmonen und u. U. auch Exzitonen in Frage.

Was die Energieabgabe an das Gitter betrifft, so reicht ein einzelnes Schwingungsquant (Phonon) mit einer typischen Energie von einigen 10 meV allenfalls in Halbleitern mit schmaler Energielücke aus, um die bei der Rekombination freiwerdende Energie aufzunehmen. In allen anderen Halbleitermaterialien, insbesondere also in Silizium, Germanium, sowie den A_3B_5- und A_2B_6-Verbindungshalbleitern mit Energielücken nicht kleiner als 0,2 eV, meist aber bei etwa 1 eV und darüber, sind dafür viele Phononen erforderlich. Rekombinationsprozesse unter Beteiligung von Phononen laufen in der Regel über tiefe Störstellenniveaius ab, d. h. über Energieniveaus in der verbotenen Zone, die nicht zu dicht an einem der beiden Bandränder liegen. Dabei wird in voneinander unabhängigen Prozessen von der Störstelle je ein Elektron und ein Loch eingefangen oder, genauer ausgedrückt, in das tiefste Niveau der Störstelle gehen ein Elektron und ein Loch über. Die charakteristische Zeit für diesen Rekombinationsprozeß ergibt sich im wesentlichen durch Addition der charakteristischen Zeiten für Elektron- und Locheinfang. Da der Einfang von freien Ladungsträgern durch tiefe Störstellen unter Emission von Phononen einen relativ wahrscheinlichen Prozeß darstellt, dominiert die Rekombination an Störstellen im allgemeinen gegenüber der direkten Band-Band-Rekombination unter Beteiligung von Phononen. Für den Einfang freier Ladungsträger durch tiefe Störstellen sind zwei ihrer Natur nach verschiedene Prozesse möglich. Voraussetzung für den sogenannten Kaskadenprozeß (Abb. 3a) ist, daß die Störstelle nicht nur ein einziges Energieniveau in der verbotenen Zone bildet, sondern eine Serie solcher Niveaus, deren Abstände bestimmten Phononenenergien des Kristalls entsprechen. Ist das der Fall, kann ein Elektron bzw. Loch unter Emission jeweils nur eines Phonons in den Grundzustand der Störstelle gelangen. Der Kaskadenprozeß ist also die zeitliche Aufeinanderfolge von realen Ein-Phonon-Übergängen. Bei jedem einzelnen dieser Übergänge ist der Energiesatz erfüllt. Anders bei den sogenannten Multi-Phonon-Prozessen, die dann ins Spiel kommen, wenn nur ein Energieniveau in der verbotenen Zone existiert (Abb. 3b), was bei tiefen Störstellen die Regel ist. Der Übergang eines Elektrons oder Loches in dieses Energieniveau kann nur als ein einziger reeller Prozeß, verbunden mit der Emission der energetisch notwendigen Zahl von Phononen, erfolgen. Im Sinne der quantenmechanischen Störungstheorie kann er als Aufeinanderfolge verschiedener virtueller Ein-Phonon-Übergänge aufgefaßt werden, die als Einzelprozesse dem Energiesatz nicht zu genügen brauchen. Der Energiesatz gilt nur in der Summe über alle Einzelprozesse für den Gesamtprozeß. Der von Rompe und Möglich in der einleitend erwähnten

Arbeit behandelte Prozeß ist nun gerade diese Multi-Phonon-Rekombination, wobei allerdings die direkte Band-Band-Rekombination ohne Einschaltung eines Störstellenniveaus betrachtet wurde.

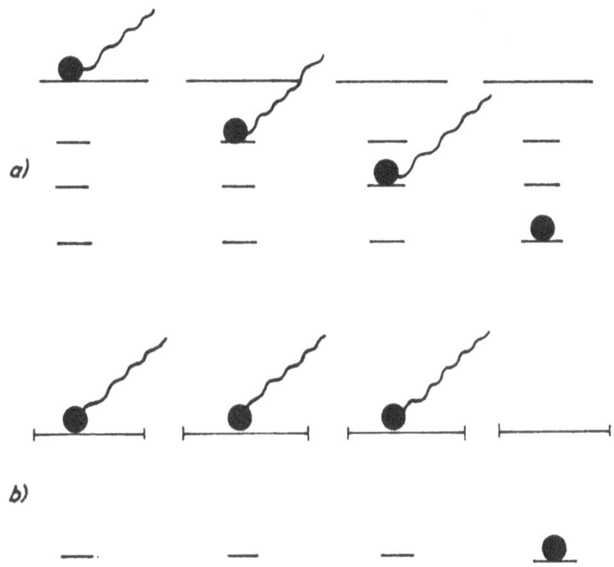

Abb. 3 Rekombination über Störstellenniveaus
a) Kaskadenprozeß
b) Multi-Phonon-Prozeß

Historisches

Die hier grob charakterisierten Rekombinationsprozesse werden in der Halbleiterphysik seit langem diskutiert und zur Interpretation experimenteller Befunde herangezogen. Dabei standen lange Zeit Probleme der Ladungsträgerkinetik unter dem Einfluß von Generations- und Rekombinationsprozessen im Vordergrund — Probleme, für deren Lösung relativ allgemeine Vorstellungen über den Rekombinationsmechanismus und seine quantitative Beschreibung durch Rekombinations- oder Einfangsquerschnitte ausreichten. Einen guten Überblick über dieses Gebiet gibt die 1977 im Akademie-Verlag erschienene Monographie „Photoelektrische Erscheinungen" von J. Auth, D. Genzow und K. H. Herrmann. Gesicherte Einsichten in die konkrete Natur der Rekombinationsprozesse waren bis Anfang der 70er Jahre jedoch nur in Ansätzen vorhanden. Der bis 1968 erreichte Stand ist in einem Übersichtsartikel von V. L. Bonch-Bruevich und E. G. Landsberg in der Zeitschrift phys. stat. sol. zusammengefaßt worden. In den letzten Jahren sind nun verstärkte Bemühungen unternommen worden, das Wesen der strahlungslosen Rekombination aufzuklären. Diese Aktivitäten wurden vor allem durch die Optoelektronik stimuliert. Denn wie oben bereits angedeutet, beeinträchtigen strahlungslose Rekombinationsprozesse die Effizienz von Halbleiter-Strahlungsemittern außerordentlich stark. Auch für ungünstige Alterungserscheinungen dieser Bauelemente sind sie verantwortlich. Die auf diesem Hintergrund durchgeführten Untersuchungen zur strahlungslosen Rekombination haben u.a. dazu geführt, daß einige Meinungen, die sich, heute muß man sagen auf Grund fehlender gründlicher Untersuchungen, fest eingewurzelt hatten, ins Wanken geraten sind. Solche Meinungen, die bis Mitte der 70er Jahre dominierten und noch heute anzutreffen sind, waren etwa, daß die Multiphonon-Rekombination einen wesentlich kleineren Wirkungsquerschnitt besitzt als der Kaskadenprozeß und, bei hinreichend hohen Ladungsträgerkonzentrationen, die Auger-Rekombination. Die beiden zuletzt genannten Prozesse galten als die allein wesentlichen. Zu der Meinung, daß die Multiphonon-Rekombination einen zu kleinen Wirkungsquerschnitt besitzt, war man insbesondere auf Grund der Rechnungen von Kubo und Toyzawa (1955) und Gummel und Lax (1957) gelangt. In diesen Rechnungen wurde die adiabatische Störungstheorie verwendet, die von Born und Oppenheimer (1927) begründet und von Huang und Rhys (1950) auf strahlungslose Übergänge an F-Zentren angewandt worden war. Über die adiabatische Störungstheorie hinaus waren in diesen Rechnungen aber weitere Approximationen erforderlich, insbesondere mußte die Condon-Näherung verwendet werden. Bekanntlich hängen in der adiabatischen Näherung die Wellenfunktionen der Elektronen von den Konfigurationskoordinaten der Gitterbausteine ab. Diese Abhängigkeit exakt zu berechnen ist praktisch unmöglich. Bei strahlenden Multiphonon-Übergängen kann sie ohne einen größeren Fehler völlig vernachlässigt werden. Bei strahlungslosen Übergängen liefert die gleiche Näherung das Ergebnis, daß überhaupt keine Übergänge stattfinden können. Das ist sofort verständlich: In der adiabatischen Näherung ist die Störung für die Elektronen die Bewegung der Kerne, genauer deren kinetische Energie. Nur wenn die Elektronenwellenfunktionen von den Koordinaten abhängen, führt die Anwendung des Operators der kinetischen Energie zu nichtverschwindenden Ableitungen. Man muß deshalb, um überhaupt Übergänge erfassen zu können, eine gewisse Kernkoordinatenabhängigkeit der Elektronenwellenfunktionen mitnehmen. Sie wurden von den genannten Autoren in der ersten störungstheoretischen Ordnung bezüglich der Elektron-Phonon-Wechselwirkung berücksichtigt, also linear in den Kernkoordinaten. Dabei fielen die Wirkungsquerschnitte um Größenordnungen zu klein aus. Die Arbeiten von Kowarski und Sinyavski ab 1962, in denen die Kernkoordinatenabhängigkeit genauer berücksichtigt wurde und Wirkungsquerschnitte erhalten wurden, die um mehrere Größenordnungen über den früher erhaltenen lagen, blieben zunächst nahezu unbeachtet. Wenig Beachtung haben zunächst auch die Arbeiten von HAUG (1970) und PÄSSLER (ab 1974) gefunden. Die zuletzt genannten Arbeiten beruhen nicht auf der adiabatischen Näherung, sondern der sogenannten statischen Näherung. PÄSSLER erhält ebenfalls Werte für Rekombinationsquerschnitte, die an die experimentell gefundenen heranreichen. In der statischen Näherung wird angenommen, daß sich die elektronischen Wellenfunktionen nicht, wie in der adiabatischen Näherung, infolge der Elektron-Gitter-Kopplung an die momentane Gitterkonfiguration, sondern an eine mittlere — die statische — Konfiguration anpassen. Diese Vorstellung entspricht dem Grenzfall schwacher Elektron-Phonon-Wechselwirkung, in dem die Kopplung der Elektronen an das Gitter nicht stark genug ist, um eine Anpassung an die momentane Konfiguration zu bewirken.

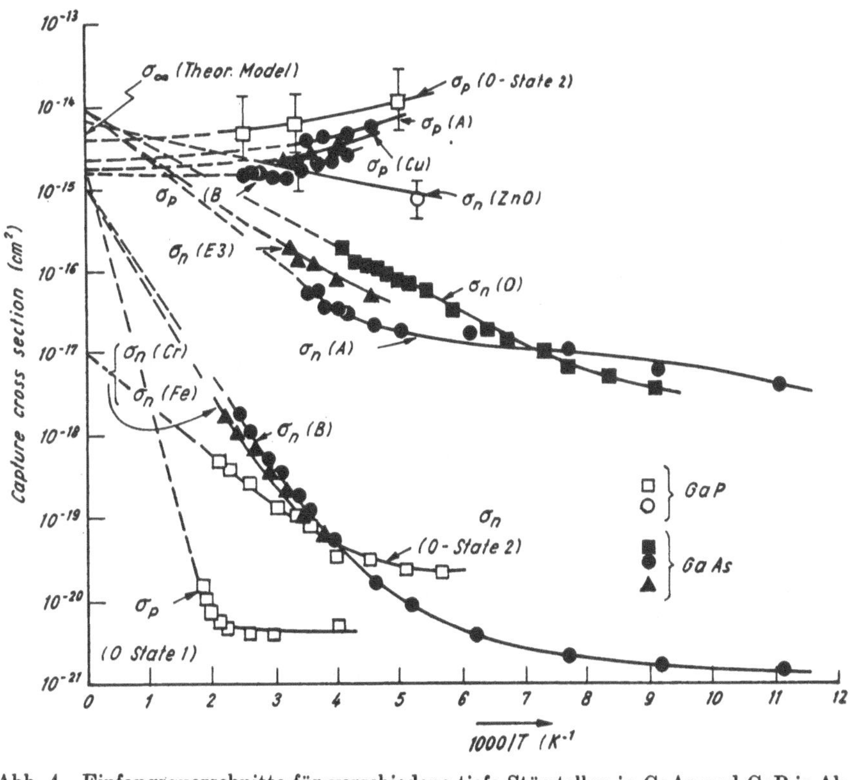

Abb. 4 Einfangsquerschnitte für verschiedene tiefe Störstellen in GaAs und GaP in Abhängigkeit von der Temperatur (nach Henry und Lang, 1977)

Zu einem Umdenken über die Rolle der Multi-Phonon-Prozesse haben vor allem die Arbeiten von HENRY und LANG seit 1974 beigetragen. Als experimentelle Untersuchungsmethode wurde dabei die sog. Transient Kapazitätsspektroskopie (WILLIAMS, 1966) verwendet, die von LANG 1974 durch die Einführung temperaturabhängiger Messungen zur sog. „Deep Level Transient Spectroscopy“ (DLTS) weiterentwickelt wurde. Auf diese Weise konnte umfangreiches experimentelles Material über Einfangquerschnitte verschiedener tiefer Störstellen in GaAs und GaP und deren Abhängigkeit von der Temperatur erhalten werden. Typische Temperaturkurven nach Henry und Lang sind in Abb. 4 wiedergegeben. Bei den untersuchten Rekombinationsprozessen zeigten sich z.T. Abhängigkeiten von der Ladungsträgerkonzentration, die eine Interpretation als Auger-Prozeß ausschlossen (beim Auger-Prozeß ist der Wirkungsquerschnitt proportional zur Ladungsträgerkonzentration, bei den übrigen Prozessen von ihr unabhängig). In vielen Fällen wurde das für den Kaskadenprozeß nicht zutreffende Aktivierungsverhalten der Temperaturabhängigkeit beobachtet, so daß neben Auger-Prozessen auch Kaskadenprozesse ausgeschlossen werden konnten. Auf diese Weise wurde experimentell die Existenz der Multi-Phonon-Rekombination eindeutig nachgewiesen.

Die Arbeiten von Rompe und Möglich zur Multi-Phonon-Rekombination

Wie einleitend erwähnt, sind Rechnungen zur Multi-Phonon-Rekombination in Kristallen erstmalig in einer Arbeit von Rompe und Möglich aus dem Jahre 1940 durchgeführt worden. Wenig früher (1938) hatte Mott die in der Molekülphysik entwickelten Vorstellungen über strahlungslose Übergänge auch auf Störstellen in Kristallen angewandt. Die Gesetzmäßigkeit, die in der Arbeit von Rompe und Möglich abgeleitet wurde, ist diejenige, die auch aus heutiger Sicht als die für die Identifizierung des Prozesses entscheidende anzusehen ist, nämlich die Temperaturabhängigkeit des Rekombinationsquerschnittes. Der Abschnitt d) der erwähnten Arbeit trägt die Überschrift „Die Vielfachstöße mit dem Gitter“. Im folgenden soll der Inhalt dieses Abschnittes kurz wiedergegeben werden.

Nach einigen qualitativen Betrachtungen gehen die Autoren daran, die Übergangswahrscheinlichkeit für die Multi-Phonon-Rekombination zu berechnen. Mit $V(x, y, z, \xi_1, \xi_2, \ldots, \xi_{3N})$ ist das von den Kernkoordinaten-Verschiebungen $\xi_1, \xi_2 \ldots \xi_{3N}$ abhängige Potential eines Elektrons am Ort x, y, z im Kristall bezeichnet. Dieses Potential wird in eine Potenzreihe nach den 3N Verschiebungskoordinaten entwickelt, wobei nicht, wie sonst meist in der Festkörpertheorie, nach der ersten Ordnung abgebrochen wird, sondern alle Ordnungen mitgenommen werden. Anschließend werden Normalkoordinaten $q_1, q_2 \ldots q_{3N}$ eingeführt. Die Potenzreihe in den $\xi_1, \xi_2 \ldots \xi_{3N}$ wird zu einer Potenzreihe in den $q_1, q_2 \ldots q_{3N}$. Das allgemeine Glied dieser Entwicklung hat die Gestalt

$$q_{p_1}^{\varrho_1} q_{p_2}^{\varrho_2} q_{p_3}^{\varrho_3} \ldots \Sigma A_{n_1 n_2 n_3} \frac{\partial^{(n_1+n_2+n_3)} V}{\partial \xi_{k_1}^{n_1} \partial_{\xi k_2}^{n_2} \partial_{\xi k_3}^{n_3}} \tag{1}$$

wobei $A_{n_1n_2n_3}$ Konstanten bezeichnen und die Summe Σ über alle Kombinationen von n_1, n_2, n_3 zu erstrecken ist, die einer bestimmten Ordnung der Störungstheorie entsprechen, d.h. mit $n_1 + n_2 + n_3 = \varrho_1 + \varrho_2 + \varrho_3$. Außerdem ist über alle Möglichkeiten der Auswahl verschiedener Sätze von Kernkoordinaten aus der Gesamtheit der $\xi_1, \xi_2 \ldots \xi_{3N}$ zu summieren, die mit dem aufgeschriebenen Term verträglich sind. Die Autoren berechnen nun die zur Potentialstörung (1) gehörende Übergangswahrscheinlichkeit in der ersten Ordnung der Störungstheorie. Dazu werden die Matrixelemente der Normalkoordinaten zwischen verschiedenen Zuständen benötigt, die folgendermaßen geschrieben werden:

$$(q_i)_{N_iN_i'} = \sqrt{\frac{h}{8\pi^2\nu_iM}}\sqrt{N_i+1}\;\delta_{N_iN_i'-1}e^{2\pi i\nu_it},$$

$$(q_i^+)_{N_iN_i'} = \sqrt{\frac{h}{8\pi^2\nu_iM}}\sqrt{N_i}\;\delta_{N_iN_i'+1}\,e^{-2\pi i\nu_it}. \qquad (2)$$

Hier bezeichnet ν_i die Frequenz der i-ten Normalschwingung und N_i deren Besetzungszahl. Man erkennt aus (2), daß im Unterschied zur heutigen Konvention q_i statt q_i^+ den Erzeugungsoperator bedeutet. Mit (2) ergibt sich für die sekundliche Übergangswahrscheinlichkeit aus einem elektronischen Anfangszustand k in einen elektronischen Endzustand k' unter Emission von $\varrho_1 + \varrho_2 + \varrho_3 \ldots$ Phononen der Ausdruck

$$\left(\frac{h}{8\pi^2M}\right)^{\varrho_1+\varrho_2+\varrho_3+\ldots}\frac{1}{\nu_{p_1}^{\varrho_1}\nu_{p_2}^{\varrho_2}\nu_{p_3}^{\varrho_3}\ldots}\prod_i\frac{(N_{p_i}+\varrho_i)!}{N_{p_i}!}\,|X_{kk'}|^2\,\delta\left(\frac{W}{h}\right),$$

$$W = W_{k'} - W_k + h\sum_i \varrho_i\nu_i \qquad (3)$$

Hier ist $X_{kk'}$ das Matrixelement des q-unabhängigen Faktors in Gleichung (1) zwischen dem elektronischen Anfangs- und Endzustand, W_k und $W_{k'}$ sind die Elektronenenergien in diesen Zuständen, und δ bezeichnet die Diracsche δ-Funktion. Ihr Auftreten im Ausdruck (3) garantiert die Gleichheit der Energie vor und nach dem Übergang. Die Autoren schreiben in diesem Zusammenhang: „Der Energiesatz kann aber jetzt auch erfüllt werden, wenn k und k' Zustände in verschiedenen Bändern der Elektronenenergie darstellen. Dann müssen nur eine große Anzahl (ungefähr 50) von Schallquanten simultan im Gitter erzeugt werden, damit die große Energiedifferenz zwischen den Elektronenzuständen der verschiedenen Bänder gedeckt werden kann.“

Danach wenden sich die Autoren der Temperaturabhängigkeit der Übergangswahrscheinlichkeit zu. Sie resultiert aus den Besetzungszahlen N_{p_i} der Phononen, ist also durch den Faktor

$$\prod_i\frac{(N_{p_i}+\varrho_i!)}{N_{p_i}!} \qquad (4)$$

bestimmt. Wenn angenommen wird, daß alle beteiligten Normalschwingungen voneinander verschieden sind und die für die spontane Emission stehende Größe $\varrho_i = 1$ gegenüber N_{p_i} vernachlässigt wird, so geht (4) in

$$N_{p_1} N_{p_2} N_{p_3} \ldots$$

über. Nimmt man eine einheitliche mittlere Phononenfrequenz $\bar{\nu}$ an und setzt nach RAYLEIGH-JEANS näherungsweise $N_\nu = kT/h\nu$, was für hinreichend hohe Temperaturen gerechtfertigt ist, so folgt für die sekundliche Übergangswahrscheinlichkeit P der Ausdruck

$$P = CT^{E_g/h\bar{\nu}} \tag{5}$$

mit C als Konstante und $E_g = E_{k'} - E_k$. Zur Diskussion ihres Ergebnisses bemerken die Autoren, daß C offensichtlich eine sehr kleine Größe sein und die Temperaturabhängigkeit eine Art Schwellverhalten zeigen muß: Solange T so klein ist, daß $T^{E_g/h\bar{\nu}}$ kleiner als C^{-1} bleibt, wird auch die Übergangswahrscheinlichkeit klein sein. Bei einer bestimmten Temperatur $T = T_0$ wird P gleich 1 sein und für $T > T_0$ mit weiter wachsender Temperatur wegen des großen Exponenten $E_g/h\bar{\nu}$ sehr steil ansteigen. Die Autoren weisen abschließend darauf hin, daß in ihren Rechnungen nur ein spezieller Term der Störungstheorie einer bestimmten Ordnung berücksichtigt wurde, nämlich der in jeder Hinsicht größte Term. Wenn die beteiligten Normalschwingungen nicht alle verschieden sind, fällt der Beitrag kleiner aus. Der betrachtete Term enthält außerdem nur q^-- und nicht auch q^+-Operatoren, d.h., er beschreibt nur Emissionsprozesse. Daneben treten in der gleichen Ordnung der Störungstheorie aber auch gemischte Terme auf, die Emissions- und Absorptionsprozesse beschreiben, wo also weniger Phononen emittiert werden, als für die Überbrückung der elektronischen Energiedifferenz erforderlich sind. Um dennoch die notwendigen Zahl emittierter Phononen zu erhalten, muß man zu einer höheren Ordnung der Störungstheorie übergehen, die natürlich kleinere Beiträge liefert. Man überschätzt die Übergangswahrscheinlichkeit und ihren Anstieg mit der Temperatur also, wenn man nur den einen genannten Term mitnimmt. Die Autoren waren sich also darüber klar, daß die von ihnen berechnete Temperaturabhängigkeit einen mehr qualitativen Charakter besitzen mußte. Ihnen entging auch nicht, daß in ihr Temperaturgesetz die spezielle Form der Elektronenzustände und der Elektron-Phonon-Wechselwirkung überhaupt nicht einging. In einer nachfolgenden Arbeit aus dem Jahre 1941 fragen sie daher, ob nicht eine einfachere Ableitung des Temperaturgesetzes möglich sein sollte, die von den offensichtlich überflüssigen Details von vornherein absieht. Die Autoren können zeigen, daß eine solche Ableitung tatsächlich existiert. Interessanterweise besteht sie in einer Übertragung der EINSTEINschen Ableitung des PLANCKschen Strahlungsgesetzes auf den Fall, daß für die Einstellung des Gleichgewichtes Multi-Phonon-Stöße maßgeblich sind.

Wie sind die Ergebnisse von ROMPE und MÖGLICH zur Multi-Phonon-Rekombination heute, nach 40 Jahren, einzuschätzen? Wenn man diese Frage stellt, muß man sich darüber klar sein, daß sich die theoretische Behandlung der Multi-Phonon-Rekombination als eines der schwierigsten Probleme der Festkörperphysik erwiesen hat, das auch heute als nur teilweise gelöst angesehen werden kann. Die Arbeit von ROMPE und MÖGLICH stellt den ersten Versuch einer theoretischen Beschreibung dar. Um so bedeutsamer ist es, daß die Resultate zur Temperaturabhängigkeit durch die nachfolgende Entwicklung zwar modifiziert wurden — die Notwendigkeit dafür war den Autoren, wie erwähnt, selbst bewußt —, sich aber qualitativ und in einem bestimmten Temperaturbereich sogar quantitativ als richtig erwiesen und durch spätere theoretische Arbeiten bestätigt wurden. Die genauere Theorie liefert für die Abhängigkeit der Übergangswahrscheinlichkeit von der Phononen-Besetzungszahl $N_{\bar{\nu}}$ das Ergebnis

$$P \sim \left(e^{-\frac{1}{N_{\bar{\nu}}}}\right)^{E_A/h\bar{\nu}}, \tag{6}$$

während nach ROMPE und MÖGLICH für die Übergangswahrscheinlichkeit P_{RM} gilt

$$P_{RM} \sim N_{\bar{\nu}}^{E_g/h\bar{\nu}}. \tag{7}$$

Die Aktivierungsenergie E_A in (6) unterscheidet sich von der in (7) auftretenden Energielücke E_g merklich, jedoch nicht um Größenordnungen. Die Ursache für die unterschiedliche $N_{\bar{\nu}}$-Abhängigkeit ist natürlich, daß in (6) alle Ordnungen der Störungstheorie aufsummiert sind, während in (7) nur eine bestimmte Ordnung berücksichtigt ist. Setzt man für $N_{\bar{\nu}}$ wieder das RAYLEIGH-JEANSsche Gesetz ein und verwendet $h\bar{\nu}/kT = T_0/T$, so folgt

$$P \sim e^{-n(T/T_0)}, \tag{8}$$

$$P_{RM} \sim (T_0/T)^n. \tag{9}$$

Dabei haben wir die Anzahl der beteiligten Phononen, E_A/kT bzw. E_g/kT gemeinsam durch n ersetzt. Unter Verwendung von

$$(T/T_0)^n = e^{n \lg(T/T_0)}$$

und der Reihenentwicklung von $\lg x$,

$$\lg x = \frac{x-1}{x} + \frac{1}{2}\left(\frac{x-1}{x}\right)^2 + \frac{1}{3}\left(\frac{x-1}{x}\right)^3 + \dots,$$

die für $x \geqq 1/2$ gültig ist, folgt aus (9) für T-Werte nahe bei T_0 näherungsweise

$$P_{RM} \sim e^{-n(T_0/T)}. \tag{10}$$

Die Temperaturabhängigkeit nach ROMPE und MÖGLICH geht also in einem beschränkten Temperaturbereich der Form nach in das heute allgemein akzeptierte Temperaturgesetz über. Was sich an der ROMPE-MÖGLICHschen Herleitung im nachhinein nicht als notwendig erwiesen hat, ist die Beschränkung auf eine nichtlineare Elektron-Phonon-Wechselwirkung, die in erster Ordnung der Störungstheorie behandelt wird. Auch der lineare Term der Elektron-Phonon-Wechselwirkung führt in höheren Ordnungen der Störungstheorie zu Multi-Phonon-Prozessen, deren Wahrscheinlichkeit exakt von der gleichen allgemeinen Struktur ist wie bei ROMPE und MÖGLICH.

Die neuere Theorie der Multi-Phonon-Rekombination

Die moderne Theorie der Multi-Phonon-Rekombination basiert auf einer linearen Elektron-Phonon-Wechselwirkung, die in allen Ordnungen der Störungstheorie berücksichtigt wird. Entsprechend dieser Theorie läuft der Rekombinationsprozeß wie folgt ab. In Abb. 5a sind die drei beteiligten elektronischen Energieniveaus, das Leitungsband c, das Störstellenniveau t und das Valenzband v in Abhängigkeit von der Gitterkonfigurationskoordinate Q dargestellt. Die beiden Bandenergien E_c, E_v hängen wegen der schwachen Ankopplung der freien Ladungsträger an das Gitter praktisch nicht von Q ab, während die starke Wechselwirkung des Störstellenelektrons mit dem Gitter zu einer starken, etwa linearen Abhängigkeit $E_t(Q)$ führt. Neben den Elektronenenergien müssen wir die Energie des angeregten Gitters in die Betrachtung einbeziehen. Bei Vernachlässigung der kinetischen Energie der Kerne, d.h. in der adiabatischen Näherung, ist diese gleich $(M/2)Q^2$. In Abb. 5b sind jeweils die Gesamtenergien

$$E_{c,t,v}(Q) + \frac{M}{2} Q^2$$

als Funktion von Q dargestellt. Entscheidend für das Weitere ist die durch die lineare Q-Abhängigkeit von $E_t(Q)$ verursachte Verschiebung der $E_t(Q)$-Parabel gegenüber dem Nullpunkt. Dadurch wird ein Kreuzen des Störstellenniveaus mit beiden Bandenergien möglich. In den Kreuzungspunkten kann ein Übergang des Elektrons bzw. Loches in den Störstellenzustand erfolgen, ohne daß dabei Energie ausgetauscht werden müßte — Anfangs- und Endzustand haben die gleiche Energie. Der Übergang in den Störstellenzustand ist aber, wie aus Abb. 5b ersichtlich, mit einer starken Anregung des Gitters verbunden. Elektronische Anregungsenergie wird beim Übergang in Gitteranregungsenergie umgewandelt. Durch die gegenseitige Wechselwirkung der Gitterschwingungen wird diese Anregung abgebaut, und das Elektron bzw. Loch gelangt in das Minimum des Störstellenniveaus, womit der Rekombinationsprozeß abgeschlossen ist.

Die quantitative Ausgestaltung dieses Konzepts der Multi-Phonon-Rekombination über tiefe Störstellenniveaus ist heute so weit fortgeschritten, daß es hinsichtlich der Temperaturabhängigkeit des Einfangsquerschnitts σ keine

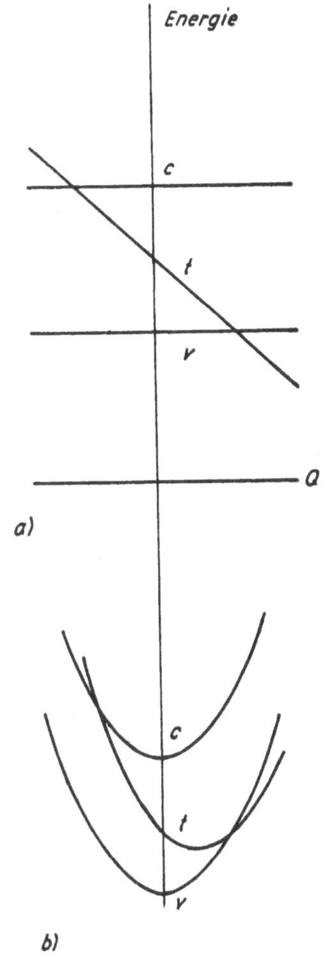

Abb. 5 Zur Multi-Phonon-Rekombination im Konfigurations-Koordinaten-Modell
a) Elektronenenergie
b) Elektronenenergie plus Gitterenergie in adiabatischer Näherung

prinzipiellen Probleme mehr gibt — das Ergebnis ist für hohe Temperaturen durch die Formel (8) grob beschrieben. Schwierigkeiten bereitet vor allem die Berechnung der absoluten Größe von σ. Die hierzu bisher vorgelegten neueren Ergebnisse sind ermutigend, können aus unterschiedlichen Gründen aber nicht als abgeschlossen angesehen werden. Die adäquate Berücksichtigung der Reemission eines eingefangenen Ladungsträgers in das jeweilige Band beim erneuten Kreuzen der Niveaus infolge der periodischen Kernbewegung ist ebenfalls ein Problem, das bislang nur unzureichend gelöst war. Eine Arbeit von SUMI, die 1980 auf der

15. Internationalen Halbleiterkonferenz in Kyoto vorgetragen wurde, brachte dazu neue Ergebnisse. Im Grenzfall starker Kopplung zwischen Störstellen- und Bandniveau wird von SUMI außerdem ein einfacher Ausdruck für den vorexponentiellen Faktor σ_0 von σ angegeben, der die absolute Größe des Einfangsquerschnittes bestimmt:

$$\sigma_0 = \bar{\nu}/n_T v_T$$

mit n_T und v_T als thermische Zustandsdichte und v_T als mittlere thermische Geschwindigkeit.

Das Bemerkenswerte an diesem Ausdruck ist seine völlige Unabhängigkeit vom Matrixelement der Elektron-Phonon-Wechselwirkung zwischen Band- und Störstellenzustand. Bei hinreichend starker Kopplung führt offenbar jedes Kreuzen der Niveaus zu einem Übergang in den jeweils anderen Zustand. Die Übergangsfrequenz ist also gleich der Phononfrequenz $\bar{\nu}$. Verwendet man typische Werte $\bar{\nu} = 10^{12}\,\mathrm{sec}^{-1}$, $n_T = 10^{19}\,\mathrm{cm}^{-3}$ und $v_T = 10^8$ cm/sec, so folgt $\sigma_0 = 10^{-15}\,\mathrm{cm}^2$. Diese Größenordnung von σ_0 wird im Experiment oft beobachtet. Aber auch angesichts dieser Fortschritte in allerjüngster Zeit bietet die Multi-Phonon-Rekombination der Theorie heute noch erhebliche Schwierigkeiten.

Schluß

Fragt man nach den äußeren Umständen, die dafür maßgeblich waren, daß von ROMPE und MÖGLICH zu einem so frühen Zeitpunkt ein Problem aufgegriffen und bereits teilweise gelöst werden konnte, dessen Bedeutung erst wesentlich später allgemein erkannt wurde und das bis heute noch nicht endgültig gelöst ist, so muß man wohl in erster Linie auf den hohen Stand der Lumineszenz-Forschung Ende der 30er, Anfang der 40er Jahre in Berlin verweisen, der außer mit den Namen der Autoren vor allem mit den Namen von RIEHL und SCHÖN verbunden ist. Die Arbeiten von ROMPE und MÖGLICH sind in enger Wechselwirkung mit den grundlegenden Untersuchungen von RIEHL und SCHÖN zu den Leuchtmechanismen in Kristallphosphoren entstanden. Die Tatsache, daß derartige Arbeiten in Industrielaboratorien durchgeführt werden konnten — ROMPE selbst gehörte seinerseit der „Studiengesellschaft für elektrische Beleuchtung", dem Forschungslaboratorium des Osram-Konzerns in Berlin, an —, weist auf den technisch-ökonomischen Hintergrund der Untersuchungen hin. Der Jubilar hat es auch im Falle der Multi-Phonon-Rekombination wie bei vielen anderen Gelegenheiten verstanden, die Synthese von hochtheoretischer und sehr praktischer Forschungstätigkeit herzustellen.

Auch dazu dürfen wir ihn heute beglückwünschen.

Werner Ebeling

Thermodynamisch-statistische Fluktuationen und Kinetik der Keimbildung

1. Einleitung

In einer grundlegenden Arbeit „Über die Indeterminiertheit und die Verstärkererscheinungen in der Biologie" haben 1944 MÖGLICH, ROMPE und TIMOFEEFF-RESSOVSKY [1] die Rolle der makroskopischen Verstärkung von Fluktuationen in der Biologie untersucht. Sie gehen dabei von folgender Position aus: „In der Physik können wir zweierlei Indeterminiertheiten feststellen. Einmal handelt es sich um die grundsätzliche quantentheoretische Indeterminiertheit, die letzten Endes auf der grundsätzlichen Dualität der physikalischen Elementarphänomene beruht; andererseits ist es die klassisch-statistische Indeterminiertheit, die auf die statistischen Gesetzmäßigkeiten der Thermodynamik zurückgeführt werden kann." Durch Analyse der physikalischen und chemischen Tatbestände gelangen die Autoren zu der auch heute noch voll gültigen Feststellung, daß bei wesentlichen biologischen Prozessen besonders die thermodynamisch-statistischen Fluktuationen die entscheidende Rolle spielen. Während Fluktuationen normalerweise für das makroskopische Geschehen ganz unerheblich sind, so können sie unter besonderen Bedingungen aufgeschaukelt und verstärkt werden. Die o. g. Autoren sagen dazu: „Verstärkereffekte scheinen im biologischen Geschehen sehr verbreitet zu sein, falls man sie allgemein so definiert, daß es sich um Primärvorgänge an Elementareinheiten handelt, die zu makrophysikalischen, sich deutlich abhebenden Endeffekten führen." In der vorliegenden Untersuchung soll ein Beispiel solcher Verstärkererscheinungen, nämlich die Keimbildung untersucht werden. Allerdings beziehen wir uns dabei nicht auf biologische Objekte, sondern studieren einfache physikalische und chemische Systeme [2-6].

2. Keimbildung in metastabilen Phasen

Betrachten wir eine homogene thermodynamische Phase unter metastabilen Bedingungen. Als Beispiel möge eine binäre Mischung mit dem Mischungsverhältnis c dienen. Die ausgezogene Kurve in der Abb. 1 begrenzt das Gebiet der

Phasenseparation, und das schraffierte Gebiet entspricht dem metastabilen Bereich. Liegt das Mischungsverhältnis bei einer vorgegebenen Temperatur im metastabilen Bereich, so ist das System gegen alle kleinen inhomogenen Dichtefluktuationen stabil. Überschreiten die Fluktuationen jedoch eine kritische Größe, so wird das System instabil, verstärkt die Fluktuation und entwickelt sich zu einem zweiphasigen System (Abb. 2). Nehmen wir nun an, daß die Mutterphase, die das chemische Potential μ hat, mit einem kleinen Tropfen

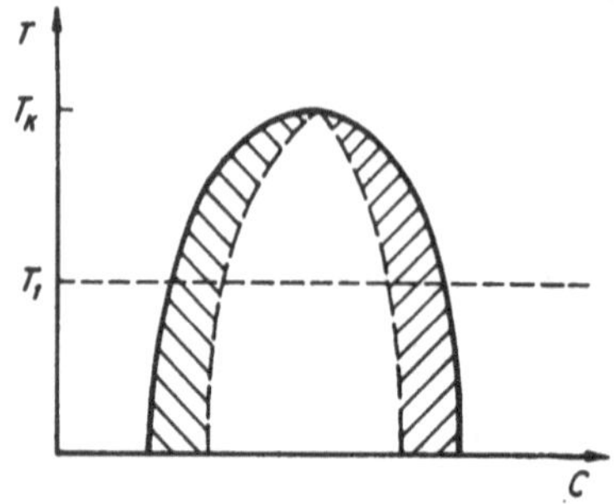

Abb. 1 Koexistenzbereich (innerhalb der ausgezogenen Kurve) und metastabiles Gebiet (schraffiert) für eine binäre Mischung der Temperatur T und mit dem Mischungsverhältnis c

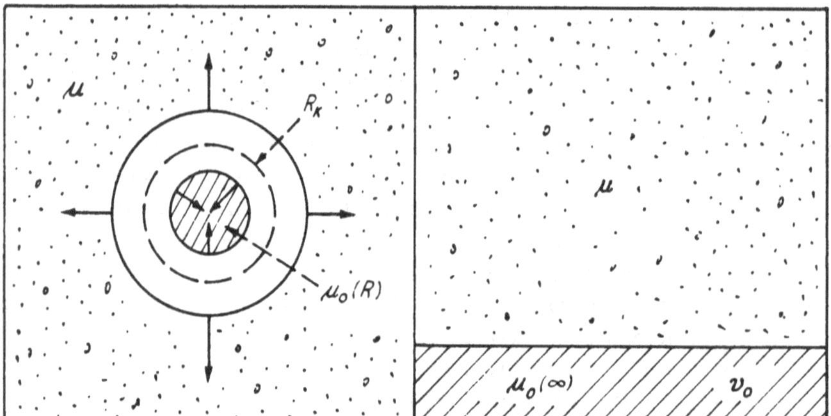

Abb. 2 Unterkritische und überkritische Tropfen der neuen Phase (links). Koexistenz bei ebener Phasengrenzfläche (rechts)

der neuen Phase mit dem Radius R_k und dem chemischen Potential $\mu_0(R_k)$ im Gleichgewicht ist. Es gilt dann $\mu = \mu_0(R_k)$. Bezeichnet v_0 das spezifische Volumen der neien Phase und σ die Oberflächenspannung, so gilt

$$\mu_0(R_k) = \mu_0(\infty) + 2\sigma v_0/R_k \tag{1}$$

woraus folgt

$$\begin{aligned} \mu - \mu_0(\infty) &= 2\sigma v_0/R_k \\ R_k &= 2\sigma v_0/(\mu - \mu_0(\infty)) \\ &= 2\sigma v_0/(k_B T x) \end{aligned} \tag{2}$$

mit der Übersättigung x, die für eine binäre Mischung, einen übersättigten Dampf oder eine unterkühlte Flüssigkeit wie folgt definiert ist

$$x = \frac{\mu - \mu_0(\infty)}{k_B T} = \left\{\log \frac{c}{c_{eq}}; \log \frac{p}{p_{eq}}; \left(\frac{\Delta H_m}{k_B T} - \frac{\Delta H_m}{k_B T_{eq}}\right)\right\} \tag{3}$$

wobei der Index eq jeweils die Gleichgewichtswerte anzeigt. Tropfen mit unterkritischem Radius $R < R_k$ verschwinden wieder, während Tropfen mit überkritischem Radius $R > R_k$ anwachsen, bis das System sich in 2 Phasen mit einer ebenen Grenzfläche geteilt hat. Wir formulieren nun eine kinetische Theorie dieser Erscheinung, die auf der klassischen BECKER-DÖRING-Theorie aufbaut. Bezeichnen wir mit $P(N, t)$ die Wahrscheinlichkeit, zur Zeit t im ursprünglich einphasigen System einen Tochtertropfen mit der Teilchenzahl N zu finden, die mit dem Radius R über

$$(4\pi/3)\, R^3 = N v_0 \tag{4}$$

verknüpft ist. Wir formulieren die stochastische Master-Gleichung [3], [4]

$$\begin{aligned} (\partial/\partial t)\, P(N, t) &= I(N) - I(N-1), \\ I(N) &= W^+(N-1)\, P(N-1, t) - W^-(N)\, P(N, t) \end{aligned} \tag{5}$$

wobei $W^+(N-1)$ die Wahrscheinlichkeit ist, daß der Tropfen von $(N-1)$ auf N wächst, und $W^-(N()$ die Wahrscheinlichkeit dafür, daß er von N auf $(N-1)$ fällt. Es sei N_g die Gesamtzahl der Moleküle im System und $n = (N_g - N)/V$ die Dichte in der Mutterphase. Unter der Annahme, daß beide Elementarprozesse der Oberfläche, d.h. zu $N^{2/3}$ proportional sind, setzen wir an

$$\begin{aligned} W^+(N) &= a N^{2/3} (N_g - \mathrm{N})/V \\ W^-(N) &= b N^{2/3} \exp\left[-\varphi(N)/k_B T\right]. \end{aligned} \tag{6}$$

Hierbei sei $\varphi(N)$ die Differenz der chemischen Potentiale, die zum Ablösen eines Moleküls aufzubringen ist

$$\varphi(N) = \mu - \mu_0(R) \approx \mu - \mu_0(\infty) - 2\sigma v_0/R. \tag{7}$$

Diese Formel gilt natürlich nur für große N, während die Grenzwerte im entgegengesetzten Bereich

$$\varphi(1) = 0, \quad \varphi(2) = \varphi_2$$

lauten (φ_2 - Bindungsenergie zweier Moleküle).

Eine PADÉ-Approximation, welche beide Grenzfälle beschreibt, lautet (bei passender Wahl der Konstanten a und b)

$$\varphi(N) = [a(N-1) + b(\mu - \mu_0(\infty))\,(N-1)^{4/3}] \\ :[1 + b(N-1)^{4/3}]. \tag{8}$$

Die stationäre Lösung der MASTER-Gleichung (5) kann exakt angegeben werden.

$$P^0(N) = P^0(1)\,[W^+(N-1)\,W^+(N-2)\ldots W^+(1)] \\ :[W^-(N)\,W^-(N-1)\ldots W^-(2)] \tag{9}$$

Diese Verteilungsfunktion besitzt bei $N = 1$ (trivialer Fall von 1 Molekül im Tröpfchen) und bei $N = N_m$ (makroskopische Flüssigphase aus N_m Molekülen im Gleichgewicht mit der Mutterphase, d.h. $\mu = \mu_0(\infty)$) Maxima. Dazwischen besitzt $P^0(N)$ ein Minimum bei einer kritischen Teilchenzahl N_k im Tröpfchen, wobei N_k mit dem kritischen Radius R_k über Gl. (2) und (4) zusammenhängt (Abb. 3). Kleinere Tröpfchen ($N < N_k$) haben die Tendenz zum Verschwinden und größere Tröpfchen die Tendenz zum Wachstum. Im stochastischen Bild entspricht der Kondensationsprozeß einem stochastischen Übergang vom Zustand $N = 1$ zum Zustand $N = N_m$. Ein Beispiel für eine entsprechende Trajektorie wird in der Abb. 4 gezeigt. Für die mittlere Übergangszeit finden wir entsprechend dem allgemeinen Formalismus für die sogenannte „mean first passage time" [7] die Formel

$$\tau(1 \to N_m) = \sum_{j=1}^{N_m-1} \frac{1}{W^+(j)\,P^0(j)} \sum_{k=1}^{j} P^0(k) \tag{10}$$

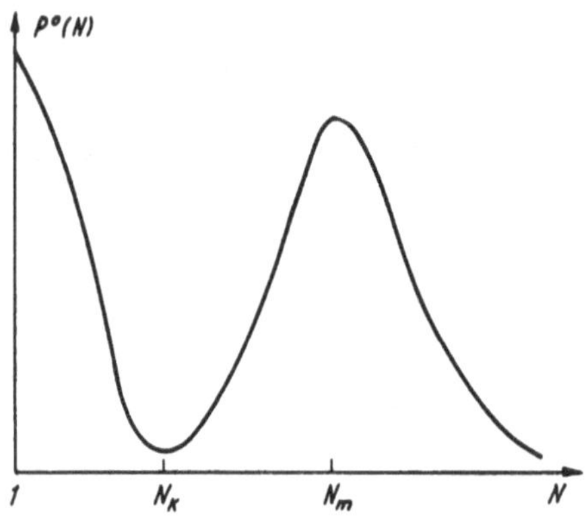

Abb. 3 Stationäre Wahrscheinlichkeitsverteilung als Funktion der Teilchenzahl im Tropfen (N_k – kritische Teilchenzahl, N_m – makroskopische Teilchenzahl bei Gleichgewicht beider Phasen)

Diese Gleichung verallgemeinert die klassische BECKER-DÖRING-Formel

$$\tau = \text{const} \exp\left[\frac{16\,\pi\sigma^3 v_0^2}{3(k_B T)^2 x^2}\right]$$

und geht asymptotisch in letzterere über. Die Auswertung der Gl. (10) kann leicht mit Hilfe eines Kleinrechners erfolgen.

Wie die vorstehenden Betrachtungen zeigen, kann der Prozeß der Keimbildung und anschließenden Verstärkung zu einer makroskopischen Phase als ein stochastischer Tunnelprozeß durch unwahrscheinliche Zwischenzustände aufgefaßt werden.

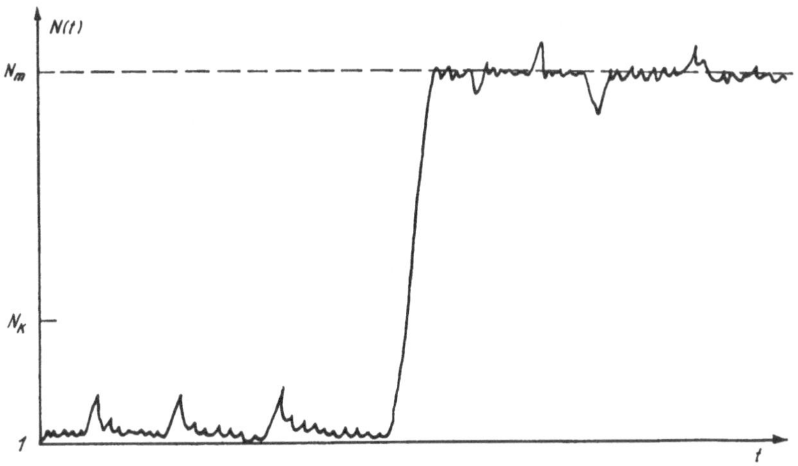

Abb. 4 Stochastische Trajektorie, welcher die Bildung einer makroskopischen neuen Phase entspricht

3. Keimbildung in bistabilen Reaktionssystemen

Wie wohl zuerst SCHLÖGL (1971) gefunden hat, kann Keimbildung auch bei bistabilen Reaktionen auftreten [4–10]. SCHLÖGL betrachtete die Reaktion [10]

$$A + 2X \rightleftharpoons 3X; \qquad X \rightleftharpoons F$$

mit der Formalkinetik (in homogenen Reaktionsvolumen):

$$dX/dt = k_1AX^2 - k_1'X^3 - k_2X + k_2'F \tag{11}$$

(X, A, F - Konzentrationen der betreffenden Reaktanden, k_i, k_i' - Reaktionsgeschwindigkeiten). Die Größen A und F mögen durch Reservoire festgehalten werden, X ist variabel. Ein chemisches Beispiel für das obige Reaktionsschema ist nach DECKER die Formol-Reaktion

$$\text{Formaldehyd} \xrightleftharpoons{Ca^{++},OH^-} \text{Zucker.}$$

Die stationären Lösungen der Gl. (10) sind die Wurzeln des Polynoms

$$k_1'X^3 - k_1AX^2 + k_2X - k_2'F = 0.$$

Bei gewissen Werten der Reaktionsparameter hat diese Gleichung 3 Lösungen

$$X^{(1)} < X^{(2)} < X^{(3)}$$

wobei die außen liegendenden stabil und die mittlere instabil gegenüber kleinen Schwankungen ist. Soweit haben wir nur homogene Konzentrationsverteilungen betrachtet.

In homogenen bistabilen chemischen Systemen sind spontane Übergänge zwischen den beiden stabilen stationären Zuständen außerordentlich selten [5]. Das liegt an der Unwahrscheinlichkeit solcher Übergänge in makroskopischen Systemen. In vielen Fällen ist diese Eigenschaft bistabiler Systeme von entscheidender Bedeutung für ihre Einsatzfähigkeit. So wird man von einem bistabilen Bauelement erwarten müssen, daß ein vorliegender Zustand nicht spontan verlassen wird, da sonst die Zuverlässigkeit der betreffenden Geräte in Frage gestellt wird. Je nach der geforderten Lebensdauer der Geräte wird man daher fordern müssen, daß die Tunnelzeiten zwischen den beiden Zuständen in der Größenordnung von Jahren oder gar Jahrhunderten liegen müssen. In einem anderen Zusammenhang kann jedoch gerade die Fähigkeit der bistabilen Systeme, Übergänge ausführen zu können, von entscheidender Bedeutung sein. Die Untersuchung der Tunnelzeiten bistabiler Systeme ist somit von großem theoretischen und praktischen Interesse. Bei stochastischen Untersuchungen hat sich eine starke Abhängigkeit der Übergangswahrscheinlichkeiten vom Volumen des Systems herausgestellt [5]. Für den Fall bistabiler chemischer Reaktionen findet man Tunnelzeiten im Minuten- oder Stundenbereich nur für sehr kleine Systeme. So haben wir z. B. für die SCHLÖGL-Reaktion in einem Volumen von 10^{-25} m^3 die Tunnelzeit 1660 s gefunden [5]. Die Tendenz zur Erniedrigung der Tunnelzeit in kleinen Systemen führt dazu, daß Übergänge in den alternativen stabilen Zustand in der Regel erst in kleinen Teilsystemen, den Keimen der neuen Phase, erfolgen. Diese Keime verschwinden wieder, wenn sie unterkritische Dimensionen haben, und sie wachsen, wenn sie eine kritische Dimension überschreiten. Diese Erscheinung ist ganz analog zur Keimbildung in metastabilen Phasen.

Um die Keimbildung beim Ablauf bistabiler chemischer Reaktionen studieren zu können, benötigen wir eine Theorie inhomogener Systeme, die hier nur soweit skizziert werden soll, wie für die Theorie der Keimbildung benötigt wird. Ausführliche Behandlungen von Systemen, in denen Reaktions- und Diffusionsprozesse ablaufen, findet man in einer Reihe von neuen Monographien und Übersichtsartikeln [4], [6].

Betrachten wir hier nur ein System mit einer einzigen chemisch reagierenden Komponente, die in der Konzentration $X(\boldsymbol{r}, t)$ im Raumpunkt zur Zeit t vorliegen möge. Die Diffusionskonstante dieser Komponente sei D. Die Konzentrationsverteilung ergibt sich als Lösung der folgenden partiellen Differential-

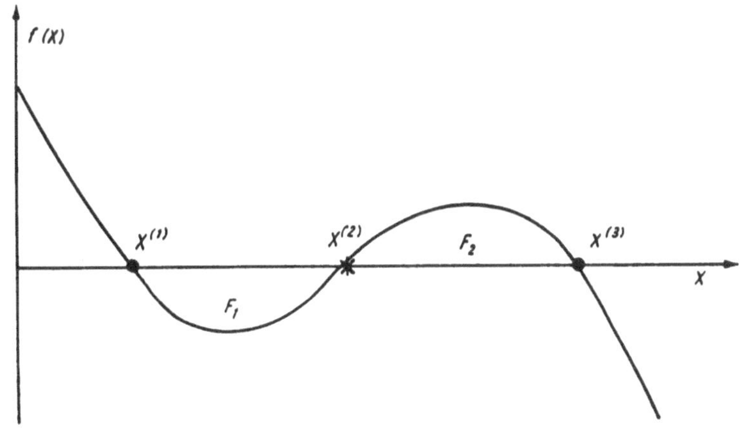

Abb. 5 Rate einer bistabilen Reaktion als Funktion der Konzentration. Die Nullstellen entsprechen den stationären Konzentrationen

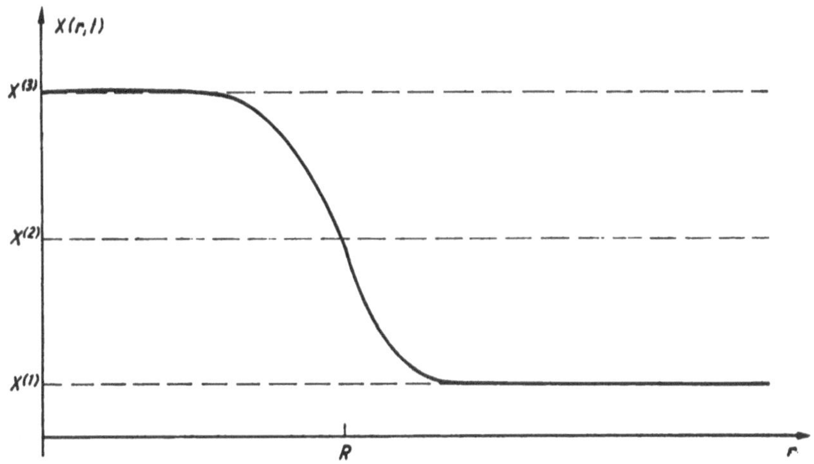

Abb. 6 Dichteprofil eines „chemischen Tropfens", welcher der lokalen Erhöhung der Dichte des Stoffes X in einem Gebiet mit dem Radius R entspricht

gleichung vom parabolischen Typ

$$\frac{\partial}{\partial t} X(\mathbf{r}, t) = f(X(\mathbf{r}, t)) + D\Delta X(\mathbf{r}, t). \tag{12}$$

Auf der Suche nach Lösungen, die Keimen entsprechen, beschränken wir uns auf den radialsymmetrischen Fall $X = X(r,t)$ mit $R =$ konstant und finden

$$\frac{\partial X(r, t)}{\partial t} = f(X) + \frac{2D}{r}\frac{\partial X}{\partial r} + D\frac{\partial^2 X}{\partial r^2}. \tag{13}$$

Es sei nun vorausgesetzt, daß unser System zwei homogene stabile Zustände $X(r,t) = X^{(1)} = \text{const}$ und $X(r,t) = X^{(3)} = \text{const}$ besitzt, die Lösungen der Gleichung $f(x) = 0$ darstellen (Abb. 5). Wir suchen nun nach tropfenartigen Lösungen, die der Randbedingung

$$X(0,t) = X^{(3)};\; X(\infty,t) = X^{(1)}) \tag{14}$$

entsprechen (Abb. 6). Das Innere dieses Tropfens möge sich im Zustand mit der höheren Konzentration $X^{(3)}$ und das Äußere im Zustand der geringeren Konzentration $X^{(1)}$ befinden. Den Radius des Tropfens definieren wir durch die Bedingung

$$X(R,t) = X^{(2)}. \tag{15}$$

Diese Gleichung definiert R als eine Funktion der Zeit, Durch Differentiation von Gl. (15) finden wir

$$\frac{\partial X(R,t)}{\partial R}\dot{R} + \frac{\partial X(R,t)}{\partial t} = 0.$$

Daraus folgt für die zeitliche Ableitung des Radius

$$\dot{R} = -\left(\frac{\partial X(R,t)}{\partial t}\right)\Big/\left(\frac{\partial X(R,t)}{\partial R}\right). \tag{16}$$

Mit der rechten Seite dieser Gleichung wissen wir vorläufig noch nichts anzufangen. Um einen handlicheren Ausdruck zu gewinnen, leiten wir SCHLÖGL [10] folgend eine Art Energie-Integral der Reaktions-Diffusionsgleichung (12) ab. Wir multiplizieren Gl. (12) mit $(\partial X/\partial r)$ und integrieren von $r = 0$ bis $r = \infty$. Es folgt

$$D\int_0^\infty \left[\frac{2}{r} - \frac{\partial X/\partial t}{\partial X/\partial r}\right]\left(\frac{\partial X}{\partial r}\right)^2 dr = \int_{X^{(1)}}^{X^{(3)}} f(X)\,dX. \tag{17}$$

Da der Term in der eckigen Klammer in Gl. (17) langsam varriiert im Vergleich zu $(\partial X/\partial r)^2$, das bei $r = R$ ein scharfes Maximum besitzt, können wir diesen Term aus dem Integral herausziehen und finden mit der Abkürzung

$$R_k = 2\,D\int_0^\infty \left(\frac{\partial X}{\partial r}\right)^2 dr : \int_{X^{(1)}}^{X^{(3)}} f(X)\,dX \tag{18}$$

und unter Verwendung von Gl. (16) die folgende Relation für das Keimwachstum [8]

$$\dot{R} = 2D\left[\frac{1}{R_k} - \frac{1}{R}\right]. \tag{19}$$

Hierbei hat R_k die Bedeutung des kritischen Keimradius. Für $R < R_k$ verschwindet der Keim, und für $R > R_k$ wächst er so lange, bis das gesamte Volumen in den Zustand $X^{(3)}$ übergegangen ist. Eine Koexistenz beider Phasen ist nur dann möglich, wenn $R_k = \infty$ gilt, d.h.

$$\int\limits_{X^{(1)}}^{X^{(3)}} f(X)\, dX = 0. \tag{20}$$

Diese Bedingung ist offensichtlich ein Gegenstück zur MAXWELL-Bedingung für Koexistenz zweier Phasen. Nach Gl. (20) erfordert die räumliche Koexistenz zweier Phasen mit verschiedenen Konzentrationen, daß die in Abb. 5 eingezeichneten Flächen F_1und F_2 die gleiche Größe haben.

Wir wollen jetzt den recht speziellen Fall betrachten, daß die Reaktionsfunktion ein Polynom 3. Ordnung ist.

$$f(x) = -q\,(X - X^{(1)})\;\;(X - X^{(2)})\,(X - X^{(3)}). \tag{21}$$

Dieser Fall liegt auch bei der SCHLÖGL-Reaktion vor. Unter Benutzung der Rechnungen von MONTROLL für den ebenen Fall können wir dann folgende Lösung für den Grenzfall $R \gg R_k$ aufschreiben [3]

$$\begin{aligned} X(r, t) &= X^{(1)} + (X^{(3)} - X^{(1)})\,[1 + \exp\,(\pm\,\beta\psi)]^{-1}, \\ \beta &= (X^{(3)} - X^{(1)})\,(q/2D)^{\,1/2}, \\ \varphi &= r - vt. \end{aligned} \tag{22}$$

Betrachten wir nun wieder als ein Beispiel die SCHLÖGL-Reaktion. Mit dem Satz von Parametern

$$k_1A = 1{,}55 \cdot 10^{-28}\,\mathrm{m^3\,s^{-1}};\;\; k_1' = 10^{-55}\,\mathrm{m^6\,s^{-1}}$$

$$k_2 = 0{,}0591\,\mathrm{s^{-1}};\;\; k_2'\beta = 6{,}05 \cdot 10^{24}\,\mathrm{m^{-3}\,s^{-1}}$$

und der Diffusionskonstante

$$D = 10^{-9}\,\mathrm{m^2\,s^{-1}}$$

finden wir nach Gl. (18) den kritischen Radius

$$R_k = 1{,}18 \cdot 10^{-3}\,\mathrm{m}.$$

Für den betrachteten Satz von Parametern, der in der Nähe der Koexistenzbedingungen liegt, liegt folglich die Größe des kritischen Keims im Millimeterbereich. Je weiter wir uns von der Koexistenzbedingung (Gleichheit der eingeschlossenen Flächen) entfernen, um so kleiner wird auch der kritische Radius.

Den obigen Überlegungen folgend, reduziert sich das Problem der spontanen Keimbildung in bistabilen Systemen auf die Untersuchung der spontanen stochastischen Übergänge in kleinen Volumina von der Größenordnung des kritischen Volumens $V_k = (4\,\pi/3)\,R_k^3$ (vgl. [9]). Die stochastische Theorie für den Übergang zu überkritischen Tropfen kann analog zu der im vorigen Abschnitt demonstrierten Theorie auf der Basis einer *Master*-Gleichung entwickelt werden [9].

Schlußbemerkungen

Die Keimbildung ist einer der wichtigsten Verstärkungsprozesse in der Natur. Sie beruht auf einem stochastischen Tunnelprozeß durch unwahrscheinliche Zustände. Dieser Tunnelprozeß ist nur in kleinen Systemen möglich. Durch lokale thermodynamisch-statistische Fluktuationen geht das System zunächst in einem kleinen Teilvolumen in die neue Phase bzw. das neue Regime über. Hat dieses Teilvolumen überkritische Abmessungen, so setzt ein nachfolgender Verstärkungsprozeß ein, der den Umschlag des Gesamtsystems einleitet. Dieser Prozeß zeigt eine gewisse Analogie mit dem Verhalten einer Pendeluhr: Kleine Auslenkungen aus der Ruhelage werden ausgedämpft, überkritische Auslenkungen werden verstärkt und führen zum Regime der stationären selbsterregten Schwingung.

Literatur

[1] MÖGLICH, F., R. ROMPE, N. W. TIMOFEEFF-RESSOVSKY, Naturwissenschaften **44/52** (1944) 316.

[2] FRENKEL, J. I., Kinetische Theorie der Flüssigkeiten, Berlin 1957.

[3] EBELING, E., R. FEISTEL, Physik der Selbstorganisation und Evolution, Berlin 1982.

[4] NICOLIS, G., I. PRIGOGINE, Selforganization in Non-Equilibrium Systems, New York 1977.

[5] EBELING, W., L. SCHIMANSKY-GEIER, Physica **78 A** (1979) 587.

[6] VASILJEV, V. A., YU. M. ROMANOVSKY, V. G. JACHNO, Usp. Fis. Nauk **128** (1979) 625.

[7] SCHIMANSKY-GEIER, L., Dissertation A, Humboldt-Universität Berlin 1981.

[8] EBELING, W., C. IVANOV, L. SCHIMANSKY-GEIER, Rostocker Physikalische Manuskripte **2** (1977) 93.

[9] MOU, C. Y., J. Chem. Phys. **68** (1978) 1385; B. N. BELINTSEV et al., Z. Phys. B **30** (1978) 211; L. SCHIMANSKY-GEIER, W. EBELING, Preprint 102, Sektion Physik 04, Humboldt-Universität Berlin 1980. Ann. Physik (im Druck).

[10] SCHLÖGL, F., Z. Phys. **253** (1972) 161.

Siegfried Schiller

Das Ringspalt-Plasmatron in der Vakuumbeschichtung – Stand und Entwicklungstendenzen

1. Einleitung

Zunächst möchte ich mich bei Herrn Prof. Rompe recht herzlich für das Interesse an einem Vortrag von mir bedanken. Dieses Interesse an Beiträgen aus der industriellen Anwendung der Plasmaphysik ist uns erneut ein Ausdruck der vom Jubilar stets gezeigten engen Verbundenheit mit der Praxis. Das Anerkennen der Bemühungen von so kompotenter Stelle für das Nutzbarmachen von Forschungsergebnissen ist eine wichtige Stimulierung für den in der Industrie tätigen Physiker. Wir Mitarbeiter des Forschungsinstitutes Manfred von Ardenne wissen auch, daß Sie, sehr verehrter Herr Prof. Rompe, die Gründung unseres Institutes vor 25 Jahren besonders unterstützt haben. Ich möchte Ihnen in diesem Kreis meinen tiefempfundenen Dank für das uns damit entgegengebrachte Vertrauen zum Ausdruck bringen.

Das erste Mal kam ich mit Robert Rompe und der Plasmaphysik in Berührung, als ich 1956, als Absolvent von der Karl-Marx-Universität Leipzig kommend, im Forschungsinstitut Manfred von Ardenne meine Tätigkeit aufnahm. Von Prof. von Ardenne bekam ich damals die Aufgabe, Plasmaschwingungen mit einem feinen Elektronenstrahl zu untersuchen. Ich wußte bis dahin von Plasmaphysik sehr wenig. Als wichtige und noch aktuelle Literatur wurde mir die Arbeit von Rompe/Steenbeck in den *Ergebnissen der exakten Naturwissenschaften* von 1939 empfohlen. Diese Publikation habe ich mit starkem Interesse mehrfach durchgearbeitet, und sie war die Ausgangsbasis für das weitere Eindringen in die für mich neue Materie. Mit teilweise phänomenologischen und modellmäßigen Betrachtungen und durch orientierende Abschätzungen werden in sehr anschaulicher Weise die wichtigsten Vorstellungen zum Plasmazustand vermittelt. Aber auch die Art der Darstellung eines noch stark im Fluß befindlichen Stoffes hat mich tief beeindruckt und war mir wiederholt Vorbild beim Abfassen eigener Veröffentlichungen.

In meiner 24jährigen Tätigkeit im Forschungsinstitut Manfred von Ardenne auf dem Gebiet der technologischen Forschung war stets Grundlagenwissen der Plasmaphysik nötig, auch wenn es sich um Aufgaben der

Elektronenstrahltechnologie und Vakuumbeschichtung handelte. Es ist mir daher eine besondere Freude und hohe Ehre, anläßlich Ihres 75. Geburtstages, sehr geehrter Herr Prof. ROMPE, einen Vortrag zur Nutzung des Plasmas im Fertigungsprozeß halten zu dürfen. Bevor ich auf den Hauptgegenstand meines Vortrages, das Ringspalt-Plasmatron in der Vakuumbeschichtung, eingehe, erlaube ich mir, anhand von zwei Beispielen andere Anwendungen und Einflüsse des Plasmas zu streifen, die bei den Arbeiten in unserer technologischen Forschung eine Rolle spielen.

2. *Plasmastrahltechnologie*

Eine breite volkswirtschaftliche Auswirkung haben unsere Entwicklungen auf dem Gebiet des Plasmaschmelzschneidens erlangt. Der Entladungsmechanismus des Lichtbogens ist weitgehend bekannt. Die Abb. 1 zeigt das Prinzip eines Plasmabrenners. Unsere Arbeiten sind vorwiegend technisch-technologisch orientiert. Aufgabe ist es, die in der Entladungsstrecke umgesetzte Leistung mit einer hohen Leistungsdichte verlustarm an das Werkzeug zu führen. Hierzu müssen sowohl thermische, elektrische, magnetische sowie aerodynamische Probleme am Strömungskanal als auch mechanische, chemische und thermische

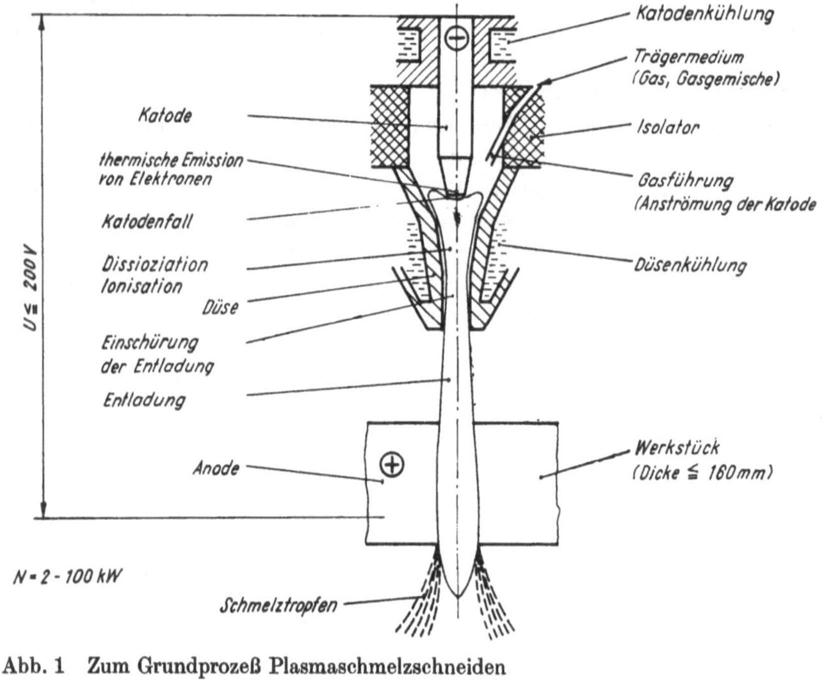

Abb. 1 Zum Grundprozeß Plasmaschmelzschneiden

Abb. 2 Plasma 5
Vollautomatische Schmelzschneidstraße für den Zuschnitt von Stahlhohlschwellen

Abb. 3 Numerisch gesteuertes Konturenschneiden im japanischen Schiffbau mit gleichzeitig 6 Plasmafeinstrahlbrennern

Probleme im Katodenbereich gelöst werden, ganz zu schweigen von den technologischen sowie arbeits- und gesundheitsschutztechnischen Fragen am Werkstück. Die Erfahrungen, die in unserem Institut in etwa 20jähriger Entwicklungsarbeit gesammelt werden konnten, haben dazu geführt, daß unsere Plasma-Schmelzschneidanlagen zu den leistungsstärksten in der Welt gehören. Das betrifft sowohl die erreichte Höhe der Leistungen in einer Anlage als auch die Effektivität, die sich im Produkt Schneidtiefe-Schneidgeschwindigkeit ausdrückt - eine Größe, die vor allem durch die Leistungsdichte am Werkstück bestimmt wird. Im Zuge unserer Arbeiten ist eine Typenreihe von Plasmaschmelzschneid-Anlagen mit Leistungen von 10...100 kW entstanden. Bisher wurden von unserem Industriepartner, dem Betrieb Schweißtechnik Finsterwalde, 750 Anlagen mit einer Gesamtleistung von etwa 30000 kW für den Einsatz in der DDR und den Export in 25 Länder, vorwiegend nach Japan und Westeuropa, gefertigt. Das Plasmaschmelzschneiden stellt eine wichtige Rationalisierungsmaßnahme in vielen Bereichen unserer Volkswirtschaft dar. Abb. 2 zeigt einen Blick in eine automatische Schneidstraße für den Zuschnitt von jährlich 130000 Stahlhohlschwellen. Den Einsatz unserer Plasmaanlage im japanischen Großschiffbau zeigt Abb. 3. Numerisch gesteuert arbeiten hier 6 Plasmafeinstrahlbrenner auf einem 18 m breiten Portal. Weitere Möglichkeiten der Nutzung der Plasmastrahltechnik mit großer industrieller Bedeutung sind das Schmelzen. Vom Edelstahlwerk Freital wurden mit einer Reihe von Partnern in der DDR und der UdSSR zwei Anlagen mit einer Kapazität von 10 t bzw. 30 t in Betrieb genommen. Vom Prinzip her handelt es sich hier um einen Lichtbogen im Inertgas mit von Inertgas umspülter Wolframkatode. Strömungstechnische Fragen spielen eine weitaus geringere Rolle als beim Plasmafeinstrahlbrenner. Wesentliche Probleme bei der Überführung waren Standzeiten der Katode, Beeinflussung der Brenner untereinander und durch das Schmelzgut und natürlich schmelztechnologische Fragen. Weitere Möglichkeiten der Plasmastrahltechnik sind das Schweißen, Körnen und Spritzen, an deren erweiterter Nutzung bei uns gearbeitet wird.

3. Elektronenstrahltechnologie

Aber auch in der Elektronenstrahltechnologie spielt der Plasmazustand keine unerhebliche Rolle. Für zahlreiche Anwendungen der Elektronenstrahltechnologie, z.B. auf den Gebieten des Schmelzens und Verdampfens, ist es erforderlich, hohe Strahlleistungen im Bereich von 60...1 200 kW zu erzeugen und mit möglichst kleinem Durchmesser über lange Strecken verlustfrei zu führen. Die Strahlerzeuger sind vorwiegend Zweielektrodensysteme mit ther-

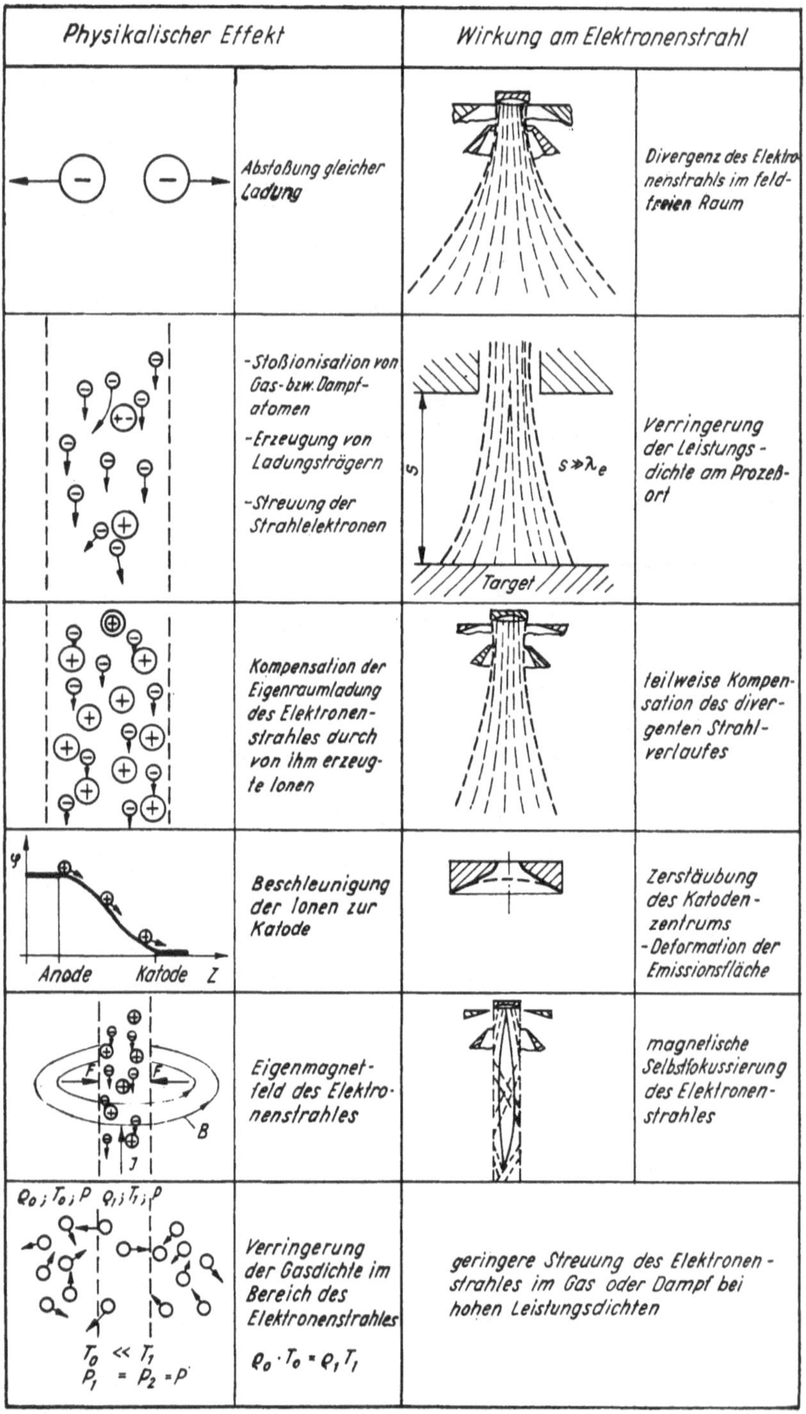

Abb. 4 Physikalische Effekte und ihre Wirkung auf den Elektronenstrahl, die in Elektronenkanonen hoher Leistung von wesentlichem Einfluß sind

Abb. 5 Elektronenkanone mit einer Leistung von 1200 kW
Beschleunigungsspannung: 50 kV
Gesamthöhe: 1700 mm

misch geheizten Katoden. Hier bestimmen elektrostatische Probleme die Richtlinien der Entwicklung. Die Führung dieser leistungsstarken Elektronenstrahlen mit Stromdichten bis zu 10 A/cm^2 vom Beschleunigungsraun bis zum Prozeßort ist aber ohne die gezielte Ausnutzung des Plasmazustandes nicht mehr möglich. Wir konnten feststellen, daß bereits bei Drucken im Bereich von 10^{-2} Pa durch den Strahl ein dichtes Plasma erzeugt werden kann und völlige Raumladungskompensation des Elektronenstrahles auftritt. Dadurch kann eine Raumladungsverbreiterung auch bei Strahlströmen von 2...30 A und Strahlstromdichten von 10 Acm^{-2} vermieden werden. Das Eigenmagnetfeld des Elektronenstrahles, der durch das von ihm selbst erzeugte Plasma geschossen wird, hat schließlich eine fokussierende Wirkung zur Folge. Dieses Magnetfeld wirkt praktisch als Elektronenfalle sowohl für die Strahlelektronen als auch für die Sekundärelektronen und führt zu einer weiteren Erhöhung der Plasmadichte. Elektronen, die innerhalb eines bestimmten Grenzwinkels gegen die Axenparallele verlaufen, werden eingefangen. Dieser Effekt wird magnetische Gasfokussierung genannt und ist eine wichtige Voraussetzung für die Nutzung von Elektronenstrahlen großer Leistungen. Abb. 4 gibt einen Überblick über die physikalischen Effekte und die Wirkungen auf den Elektronenstrahl. Abschätzungen haben ergeben, daß die Ladungsträgerdichte des Plasmas die des Elektronenstrahles um eine Größenordnung übersteigt. Es muß angenommen werden, daß das Gas im Strahlbereich fast vollständig ionisiert ist. Die hohe Temperatur des Plasmas führt zu einer Verdrängung des Restgases und dementsprechend zu einer geringeren Gasdichte im Bereich des Elektronenstrahls. Damit nimmt die Streuung des Elektronenstrahles am Restgas ab. Dieser Effekt der Restgasverdrängung gewinnt technische Bedeutung, wenn es darauf ankommt, den Elektronenstrahl durch Bereiche mit hohem Druck, z.B. durch eine Dampfwolke, verlustfrei zu schießen. Durch die gezielte Ausnutzung der Plasmaeigenschaften im Elektronenstrahl konnten wir uns mit Elektronenkanonen hoher Leistung in der Welt eine Spitzenposition erringen. Unsere Elektronenkanonen arbeiten heute in vielen hochindustrialisierten Ländern wie UdSSR, USA und Japan. Abb. 5 zeigt als Beispiel eine Elektronenkanone mit einer Leistung von 1200 kW. Der Elektronenstrahl hat von der Erzeugung bis zum Prozeßort einen Weg bis zu einigen m zurückzulegen, dabei hat der Elektronenstrahl einen Durchmesser um 50 mm.

4. Zu den Grundprozessen Bedampfen und Sputtern

Bevor ich auf neuere Entwicklungen von Zerstäubungsquellen eingehe, möchte ich zur besseren Einordnung dieser Entwicklungen die Grundprozesse Bedampfen und Sputtern mit ihren wichtigsten Eigenschaften in Erinnerung bringen. Abb. 6 erläutert zunächst den Prozeß Bedampfen. Das Verdampfen von Material erfolgt bekanntlich durch Erhitzen im Hochvakuum. Die pro Zeit- und Flächeneinheit verdampfte Masse hängt außer von den Materialeigenschaften exponentiell von der Temperatur ab. Ein hohes Vakuum ist zunächst erforderlich, um eine freie Dampfausbreitung zu gewährleisten. Die wesentliche Begrenzung für den maximal zulässigen Restgasdruck sind jedoch im technischen Betrieb meist die Stöße von Restgasteilchen auf das Substrat während des Beschichtungsvorganges. Bei einem Druck in der Prozeßkammer von 10^{-2} Pa hat z.B. bei üblichen Beschichtungsraten, wie sie in der Elektronik und Optik erforderlich sind, das Stoßzahlverhältnis Dampfteilchen zu Restgasteilchen Werte in der Größenordnung von etwa 1. Restgasteilchen werden, abhängig vom zu verdampfenden Material und der Prozeßführung, mehr oder weniger stark physikalisch oder chemisch sorbiert, was zur erheblichen Beeinflussung der Schichteigenschaften führen kann. Hohe Beschichtungsrate ist also gleichbedeutend mit einem höheren maximal zulässigen Druck während der Beschichtung, was u. a. auch erhebliche ökonomische Konsequenzen hat. Entsprechend der Temperatur des Verdampfungsgutes, die für viele in Frage kommenden Materialien im Bereich um 1000...2000 °K liegt, hat die kinetische Energie der Dampfteilchen Werte von 0,1...0,2 eV.

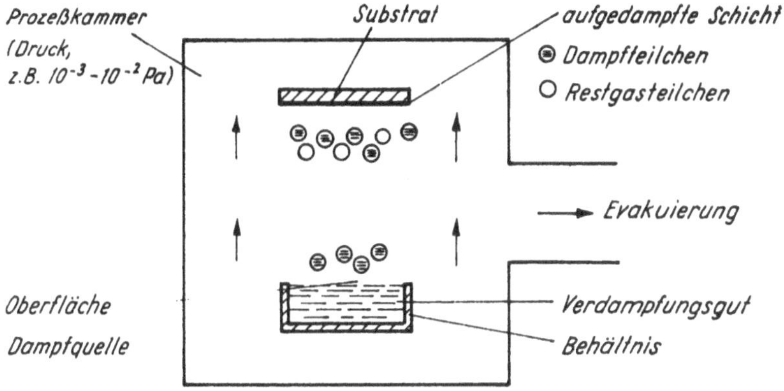

An der Oberfläche der Dampfquelle:

- verdampfte Masse [$g cm^{-2} s^{-1}$]

$$a_V = K_1 \sqrt{\frac{M_D}{T}} \cdot e^{-\frac{K_2}{T}}$$

- Temperaturen Verdampfungsgut

T_V = (500) 1000 - 2000 K

- K_1 und K_2 sind materialabhängige Größen

Am Substrat:

- auftreffende Dampfteilchen (e_{kin} = 0,1 - 0,2 eV)
- auftreffende Restgasteilchen
- Formierung einer Schicht
(Beschichtungsrate = Schichtdicke pro Zeiteinheit

Abb. 6 Zum Grundprozeß Bedampfen

Beim Sputtern erfolgt die Teilchenerzeugung durch auf das Target auftreffende Ionen bzw. durch infolge Umladung entstandene schnelle Neutralteilchen. Abb. 7 erläutert den Grundprozeß Sputtern. Die austretenden Sputterteilchen haben Energien im Bereich von 1...100 eV. Da die Ionenerzeugung zum Sputtern meist in einer Gasentladung mit Drucken von 10^{-2}...1 Pa erfolgt, muß mit Streuung der Sputterteilchen am Trägergas auf dem Weg zum Substrat gerechnet werden. Damit sinkt die kinetische Energie der auf das Substrat treffenden Teilchen. Bei technisch interessierenden Anordnungen hat die kinetische Energie der Teilchen Werte im Bereich von 0,2...10 eV. Diese kinetische Energie ist also allgemein um eine Größenordnung höher als beim Bedampfen. Auf diesem Unterschied beruhen die beim Sputtern oft erreichten

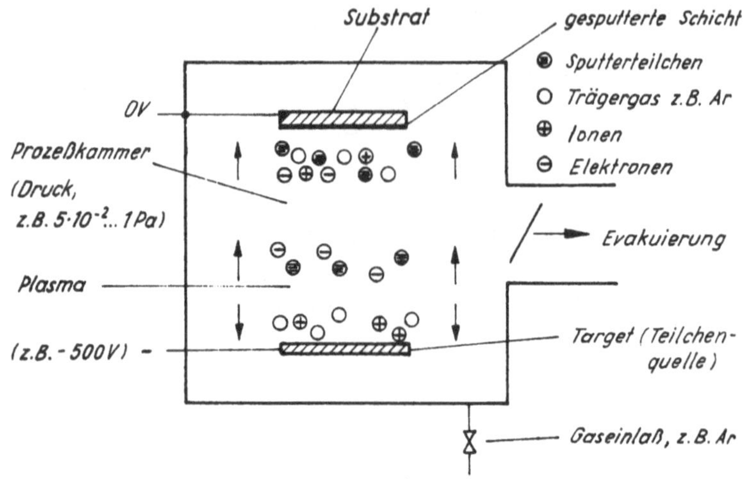

Auf Target:

- *Ionen, im Katodenfall beschleunigt (z.B. 500 - 1000 eV)*
- *schnelle Neutralteilchen*
- *Neutralteilchen aus Plasma (Trägergas + Restgas)*
- *gestreute Sputterteilchen*

Vom Target:

- *Sputterteilchen (e_{kin} = 1... 100 eV durch Ionen und schnelle Neutralteilchen ausgelöst)*
- *Elektronen (im Katodenfall beschleunigt auf z.B. 500 - 1000 eV)*

Auf Substrat:

- *Sputterteilchen (e_{kin} = 0,2 ... 10 eV)*
- *Gasteilchen (Trägergas + Restgas)*
- *schnelle Elektronen (im Katodenfall beschleunigt)*
- *langsame Elektronen (aus Plasma)*
- *Ionen (im Bedarfsfalle durch BIAS-Betrieb beschleunigt)*

Abb. 7 Zum Grundprozeß Sputtern

haftfesteren, härteren und porenärmeren Schichten. Nachteilig beim Sputtern ist der Einfluß des Trägergases und die höhere Empfindlichkeit gegenüber Restgas, insbesondere wenn es sich um reaktive Bestandteile handelt, da das Plasma die Verbindungsbildung verstärkt. Zudem liegt die Kondensationsrate beim Sputtern bei konventionellen Systemen bis mehrere Größenordnungen unter der Beschichtungsrate, die beim Bedampfen erreicht wird. Ein weiterer nicht unerheblicher Nachteil des Sputterns ist die hohe thermische Belastung des Substrates durch vom Target kommende und im Katodenfall beschleunigte schnelle Elektronen. Die thermische Belastung, umgerechnet auf ein Schichtteilchen, liegt dadurch beim konventionellen Sputtern um ein bis mehrere Größenordnungen über der des Bedampfens.

Eine Übersicht zu charakteristischen Eigenschaften und Parametern von Bedampfen und Sputtern wird in der Zusammenstellung Abb. 8 gegeben. Die Möglichkeit, in einfacher Weise Schichten aus Legierungen herzustellen, und

	Bedampfen	Sputtern (Bestäuben)
Charakterisierung des Grundprozesses	Kondensation thermisch verdampfter Teilchen	Kondensation zerstäubter Teilchen
Kinetische Energie der Teilchen am Substrat (e_{kin}) [eV]	0,1...0,2	0,2...10
Arbeitsdruck [Pa]	$<10^{-2}$ (10^{-3}) (Restgas)	Trägergas: $5 \cdot 10^{-2}...1$ Restgas: $\leq 2 \cdot 10^{-3}$
Kondensationsrate a_k (Metalle) [nm min^{-1}]	konventionell: $10^2...10^4$ Für Sonderfälle mit E-Strahl hoher Leistung $10^4...10^6$	konventionell: $10...10^2$ mit Plasmatron $10^2...3 \cdot 10^3$
Vorteile	– hohes a_k – geringer Gaseinbau – geringe thermische Belastung des Substrates	– breite Materialpalette insbesondere Legierungen – hohes e_{kin}, damit verbesserte Schichteigenschaften
Nachteile	– begrenzte Materialpalette, hoher Aufwand bei Legierungen – geringes e_{kin}	– geringes a_k (konventionell) – große Empfindlichkeit gegen reaktive Restgaskomponenten – hohe thermische Belastung des Substrates

Abb. 8 Charakteristische Eigenschaften und Parameter von Bedampfen und Sputtern

die mit der hohen kinetischen Energie der auf das Substrat treffenden Teilchen erzielbaren verbesserten Schichteigenschaften sind wesentliche Ursache für die intensiven Bemühungen, das Sputtern in breiterem Rahmen einzuführen. Besonders in der Elektronik und Mikroelektronik werden in verstärktem Maße Legierungen mit zwei und mehr Komponenten als Schichtmaterial benötigt. Aus der Übersicht Abb. 8 kann die Forderung an ein ideales Sputtersystem abgeleitet werden. Zunächst sollte eine Beschichtungsrate im Bereich von 1000 nm min^{-1} ermöglicht werden, wie sie in der Elektronik und Mikroelektronik aus Gründen der Produktivität erforderlich ist.

Diese relativ hohe Beschichtungsrate setzt wiederun die Anforderungen an das Vakuum herab. Ein derartig optimales Sputtersystem sollte weiterhin gewährleisten, daß die hohe thermische Belastung des Substrates durch die schnellen, im Katodenfall beschleunigten Elektronen vermieden wird. Im Zuge dieser Anstrengungen ist in den letzten 4 Jahren ein neues Entladungssystem der Vakuumbeschichtung erschlossen worden. Es ist unter den Namen Magnetron, Ring-Source, Sputter-Gun (S-Gun) eingeführt; wir haben das von uns entwickelte System Ringspalt-Plasmatron genannt. Tatsächlich erfüllt das im folgenden zu erläuternde Ringspalt-Plasmatron diese wesentlichen Grundforderungen.

5. *Ringspalt-Plasmatron*

5.1. Entladungsprinzip

Der Schnitt Abb. 9 soll dazu dienen, das System zu erläutern. Es handelt sich um eine durch ein Magnetfeld geführte Entladung. Das Magnetfeld wird durch einen Permanent-Magneten erzeugt, der eine spaltförmige Feldbegrenzung ergibt und eine ringförmige Gestalt hat. Besondere Anforderungen an die Ringform werden nicht gestellt. Die magnetische Feldstärke fällt senkrecht zur Targetoberfläche sehr rasch ab. Ausgehend vom Feldmaximum ergibt sich nach den Rändern des Spaltfeldes ebenfalls eine starke Abnahme des Feldes. Auf Grund der magnetischen Feldverteilung und der Elektrodengeometrie stehen im Bereich der Katode, d. h. im Bereich des Targets, im Ring die magnetische und elektrische Feldstärke senkrecht aufeinander. Am besten zu verstehen ist das System, wenn die Kräfte in den einzelnen Bereichen der Entladung auf die Elektronen betrachtet werden. In Abb. 10 ist zunächst der theoretische und der sich praktisch ausbildende Potentialverlauf gezeichnet. Im Katodenfall fällt der wesentliche Anteil der Entladungsspannung ab. Die Ausdehnung des Katodenfalles d läßt sich bekanntlich über das Raumladungsgesetz berechnen und liegt im Bereich von einigen 0,1 mm. Die von der Katode kommenden Elektronen werden im Katodenfall beschleunigt und haben am

Ende des Katodenfalles die Energie eU_K. Gleichzeitig sind sie einem magnetischen Feld ausgesetzt. Im Plasmaraum ist die elektrische Feldstärke vernachlässigbar. Bei der magnetischen Induktion $\mathfrak{B} = 3 \cdot 10^{-2}\,\mathrm{Vs\,m^{-2}}$ und einer Energie der Elektronen im Bereich von 500 eV ergeben sich Kreisbahnen für die Elektronen mit dem Radius von einigen mm. Gelangen die Elektronen auf diese Weise wieder in den Katodenfall, so werden sie reflektiert und erleiden erneut dasselbe Schicksal. Auf ihrem Weg führen diese Elektronen ionisierende Stöße durch und verlieren dabei jeweils die Ionisierungsenergie. Demzufolge sinkt die Energie der Elektronen stufenweise und damit auch ihr Krümmungs-

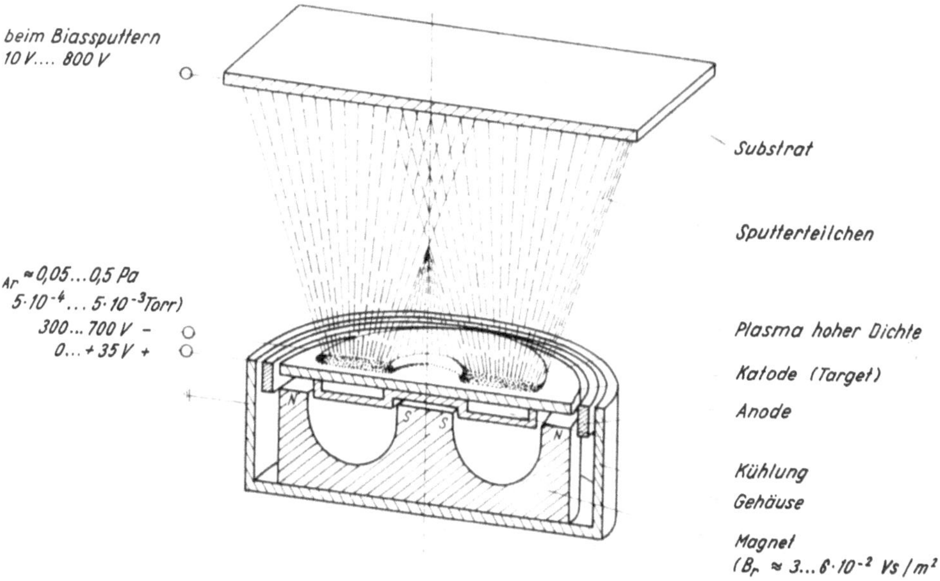

bb. 9 Schema des Planar-Plasmatrons

radius. Dieser Vorgang wiederholt sich solange, bis die Elektronen ihre gesamte Energie verloren haben. Die Elektronen werden dabei senkrecht zum magnetischen Feld abgelenkt und dadurch auf Halbkreisbahnen längs des Spaltes geführt. Die Energie der schnellen im Katodenfall beschleunigten Elektronen wird also optimal für die Ionisierung genutzt. Die schnellen Elektronen können durch das Magnetfeld nicht zum Substrat gelangen; die ansonsten damit verbundene thermische Substratbelastung wird vermieden. Die Entladung ist quasi an die Katode gebunden. Unmittelbar vor der Katode ergibt sich eine hohe Plasmadichte; dadurch wird wiederum ein Ionenstrom hoher Dichte auf das Target beschleunigt, was mit einer hohen Effektivität der Energieausnutzung und hohen Zerstäubungsrate verbunden ist. Die Brenn-

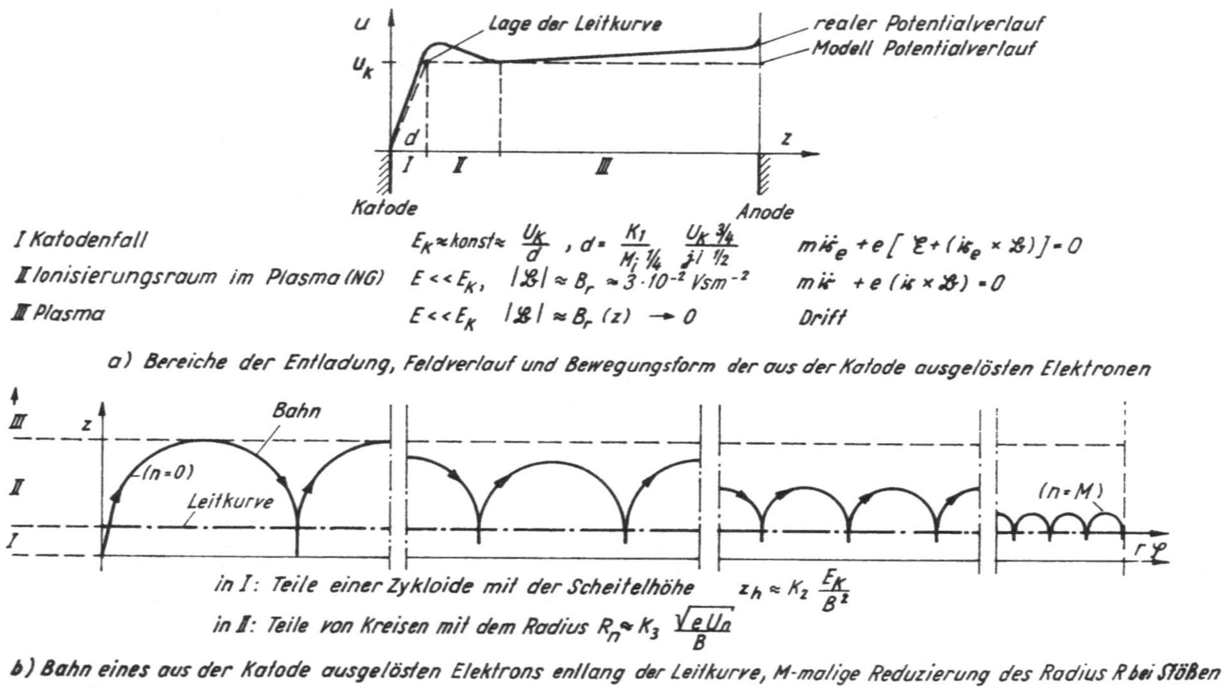

Abb. 10 Zum Mechanismus von Ringspaltentladungen

spannung liegt schließlich in einem Bereich, in dem bekanntlich eine hohe Ionenausbeute zu erreichen ist. Auf Grund dieser Eigenschaften ist das Ringspalt-Plasmatron hervorragend für Zerstäubungszwecke geeignet.

5.3. Technische Ausführungen von Sputterquellen

Wissenschaftlich-technische Grundlagen für das erläuterte Entladungssystem sind also die Plasmaphysik und magnetfeldgeführte Entladungen. Das Entladungssystem ist so einfach und die Anwendung für das Sputtern so einleuchtend, daß die relativ späte Nutzung für diesen Einsatz eigentlich erstaunlich ist. Die ersten Informationen für die Nutzung dieser magnetfeldgeführten Entladung für Aufgaben der Vakuumbeschichtung und das Grundsatzpatent von John S. Chapin gehen auf das Jahr 1974 zurück. Die erhöhten Anforderungen an die Vakuumbeschichtung, insbesondere bezüglich Legierungen in der Elektronik und Mikroelektronik, sind sicher eine Ursache, daß sehr schnell eine umwälzende Entwicklung in der Vakuumbeschichtung begann. In einem zeitlichen Abstand von etwa einem Jahr entstanden in den verschiedensten Ländern der Welt, u.a. auch in unserem Institut, technische Lösungen für Sputterquellen. Auf der Basis früher Vorlaufsarbeiten in unserem Institut im Auftrage des Ministeriums für Wissenschaft und Technik wurde vom VEB Elektromat, dem heutigen Zentrum für Forschung und Technologie der Mikroelektronik, und unserem Institut die Entwicklung und der Bau technischer Quellen durchgeführt. Heute existiert bereits eine Typenreihe von Plasmatron-Einrichtungen. Bisher wurden 50 komplette Plasmatroneinrichtungen mit Stromversorgung mit insgesamt über 100 Quellen gefertigt und für die vielfältigsten Aufgaben der Verfahrensforschung und Produktionsvorbereitung zur Verfügung gestellt. In Abb. 11 ist ein Plasmatron mit kreisförmigem Ringspalt und einer Entladungsleistung von 5 kW gezeigt. Man erkennt darin auch das Erosionsprofil auf dem Target. Ein Plasmatron mit längsgestrecktem Spalt und einer Leistung von 25 kW ist aus Abb. 12 zu ersehen. Die Längsausdehnung des Spaltes liegt bei 500 mm. Zur Zeit haben wir auch Systeme mit einer Spaltlänge von 1 und 2 m in Entwicklung. Ein sehr eindrucksvolles Bild vom Entladungsmechanismus erhält man, wenn dem Spaltverlauf eine komplizierte Form gegeben wird, wie in Abb. 13 gezeigt. Die Elektronen werden tatsächlich längs des Spaltes geführt, erzeugen im Spalt das dichte Plasma was zur ausschließlichen Erosion längs des Magnetfeldspaltes führt. Außer ebenen sind auch zylindrische Formen möglich, die besonders für das Beschichten von Rohren – und zwar von außen und von innen – technische Bedeutung gewinnen werden.

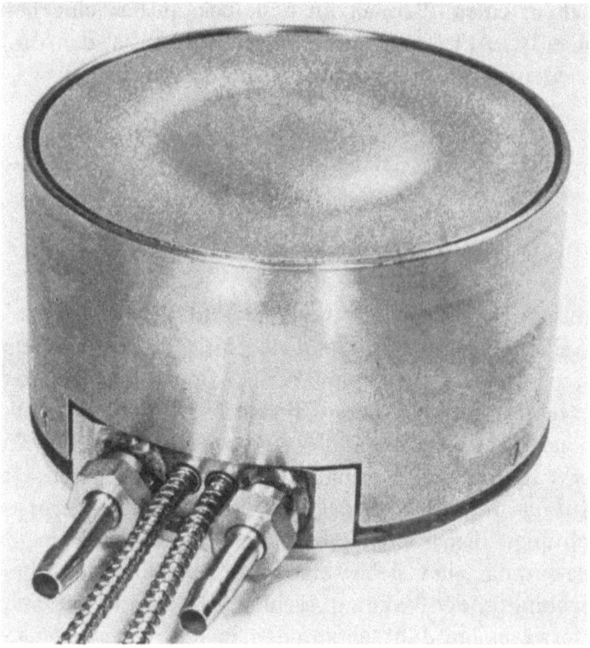

Abb. 11 Planar-Plasmatron PPS 5
5 kW, kreisförmiges Target,
Durchmesser des direkt gekühlten Targets: 160 mm

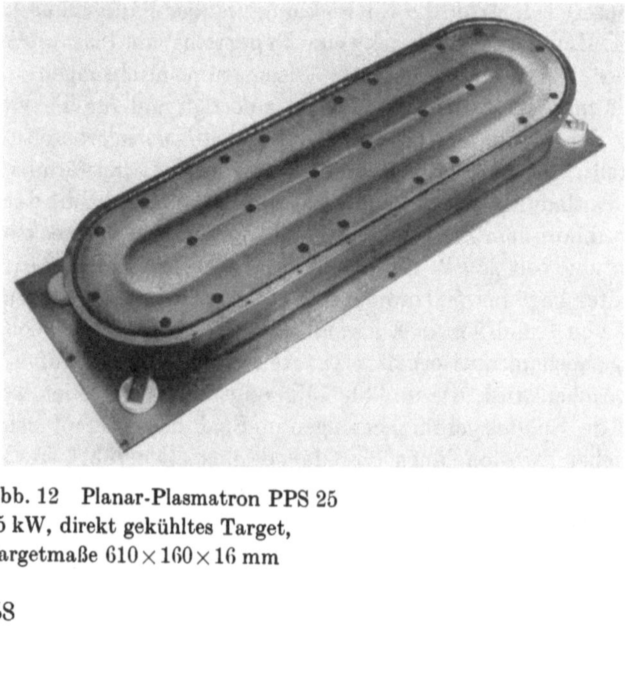

Abb. 12 Planar-Plasmatron PPS 25
25 kW, direkt gekühltes Target,
Targetmaße 610×160×16 mm

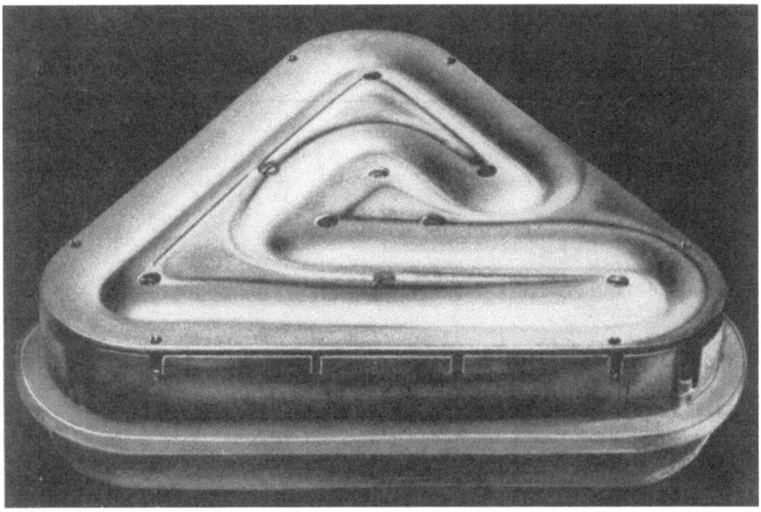

Abb. 13 Planar-Plasmatron PPS 8D
8 kW, indirekt gekühltes Target, Targetdicke 10 mm Höhe der Targetfläche 280 mm

5.3. Ergebnisse mit dem Plasmatron

Das Plasmatron stellt quasi eine Linienquelle entsprechend dem Verlauf des Magnetspaltes dar. Abb. 14 zeigt Meßergebnisse an einem Plasmatron mit längsgestrecktem Spalt, woraus das Wesentliche zur Schichtdickenverteilung auf einem Substrat erkennbar ist. An den Rändern ergeben sich, wie zu erwarten, Überhöhungen der Schichtdicke. Mit steigendem Abstand verschleifen sich jedoch diese Überhöhungen infolge Streuwirkungen der gesputterten Teilchen am Trägergas. Durch Relativbewegung Substrat-Plasmatron und durch eine geeignete Quellenverteilung lassen sich eine sehr hohe Schichtdickenkonstanz erreichen. Die Beschichtungsraten liegen im Bereich von 1 μm/min.

Eine stürmische Entwicklung ist auch im Bereich der Applikationsuntersuchungen von mit dem Plasmatron gesputterten Schichten zu beobachten. In der Zusammenstellung Abb. 15 wird versucht, einen Überblick über bisher hergestellte Schichten und ihre wichtigsten Applikationen zu geben. Im Vordergrund des Interesses stehen die Metallisierung für elektronische Bauelemente und für die Mikroelektronik. Verstärkte Bedeutung gewinnen für die Elektronik und Mikroelektronik Schichtsysteme und Legierungen aus zwei und mehr Komponenten für Haftschichten, Diffusionsbarrieren, Widerstandsschichten und Kontaktschichten. Beim Herstellen von Verbindungen ergeben sich besondere Vorteile durch die hohe Dichte des Plasmas und die damit verbundene Aktivierung der Reaktion. Auch für optische Schichten wird das Plasmatron technische Bedeutung erlangen.

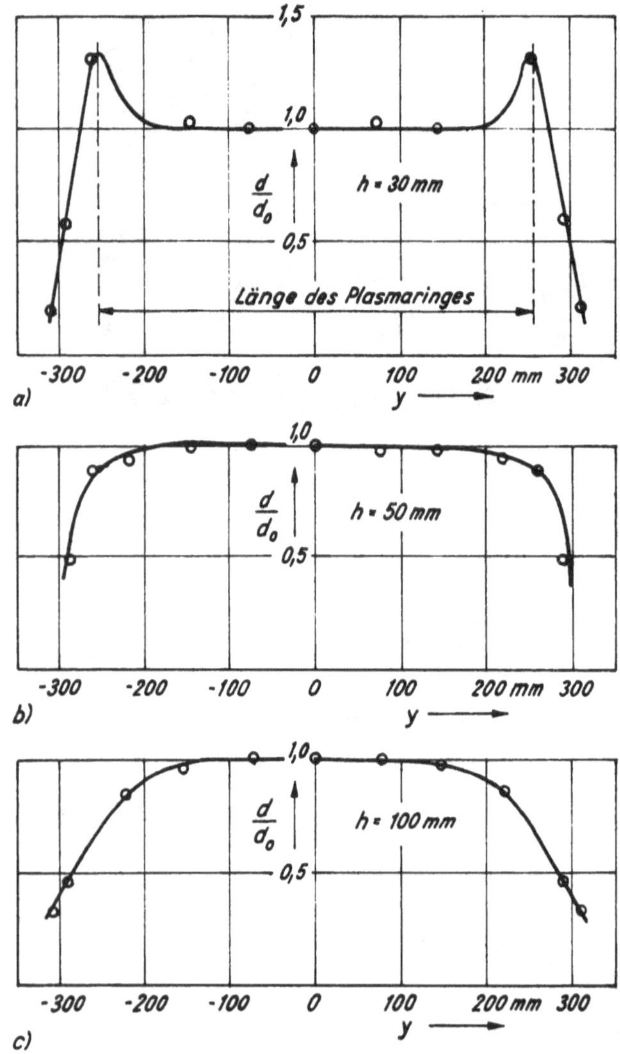

Abb. 14 PPS 25
Relative Schichtdickenverteilung auf einem ebenen feststehenden Substrat in Längsrichtung der Quelle ($x = 0$)
Parameter: Substratabstand h
Cu-Target $N_E = 25$ kW, p = 4 m Torr Ar

Industriezweig	Aufgabe der Schicht	Schichtmaterial	Anwendung
Mikroelektronik	Kontakte und Leiter-		Metallisierung von
	bahnen,	Al, AlSi, AlSiCu,	integrierten Schalt-
	Schottky-Kontakte,	Pt, Mo, WTi,	kreisen,
	Rückseiten-		Si-Transistoren,
	metallisierung,	CrNi, CrSi, Cu,	Display-Elemente
	Halbleitende Schicht.	Al–Ni–Au, Al–Ni	
		In SnO_2	
Mikroelektronik	Kontakte und Leiter-		
in Hybridtechnik	bahnen,	FeNi, Al,	Hybridschaltkreise
	Widerstände,	NiCr, CrSi,	
	Passivierung	Cr_2O_3, Al_2O_3, TiO_2	
Elektronik	Haftverbesserung,	NiCr, Cr,	Kondensatoren,
	Kontakte und Leiter-		
	bahnen,	TaN, CrNi, TaAl, Pt,	Streifenleiter,
	Widerstände,	Cu, FeNi, CuNi,	Widerstände,
	Passivierung,	SiO_2, Ta_2O_5, Al_2O_3,	Thermodrucker
	Verschleißschutz	CuTiFe	
Optik,	Antireflexion,	SiO_2, TiO_2,	Spiegel,
Glasindustrie,	Selektive		
	IR-Reflexion,	Al, TiO_2–Cu–TiO_2,	Architekturglas,
Solartechnik,	Reflexion,	TiO_2–Ag–TiO_2,Cd_2SnO_4,	Solarabsorber,
Autoindustrie,	Absorption,	TiOx,	Plastikteile,
Maschinenbau	Dekoration,	Cr, Cr-LegierungMessing,	Werkzeuge
	Korrosionsschutz,		
	Verschleißschutz	WC, TiN, Al_2O_3	

Abb. 15 Anwendungen des Hochrate-Zerstäubens mit dem Plasmatron

6. Anlagen mit dem Ringspalt-Plasmatron

In der ersten Etappe wurde das Ringspalt-Plasmatron anstelle von Verdampfersystemen in vorhandene Anlagen eingesetzt. Dies konnte jedoch für sehr viele Anwendungen, insbesondere für Produktionszwecke, nur eine vorübergehende Lösung sein. Die Vorteile des Hochratezerstäubens mit dem Plasmatron können umfassend nur in Zusammenhang mit einer angepaßten Anlagentechnik genutzt werden. Während beim Bedampfen der Abstand Quelle–Substrat im Bereich um 250 mm liegt, ist der optimale Abstand für das Sputtern 30...100 mm, selten höher. In der Bedampfungstechnik sind Kleinflächenverdampfer vorherrschend, beim Einsatz des Ringspalt-Plasmatrons handelt es sich um ausgedehnte Linienquellen. Die Beschichtungsgeometrie ist also sehr verschieden, und es ist zweckmäßig, die Rezipienten dieser Geometrie anzupassen. Die durch das Plasma hervorgerufene erhöhte Reaktionsfreudigkeit und die Forderung nach hoher Konstanz der Kondensationsbedingungen von Charge zu Charge erfordern bessere Vakuumbedingungen und Schleusen für das Ein- und Ausbringen der Substrate in die Beschichtungskammer. Schließlich ist das definierte Aufbringen von Systemen aus mehreren Schichten sowie das Herstellen von Schichten aus Verbindungen gleichbedeutend mit einer nicht ganz einfachen Prozeßführung. Der Einsatz von Mikroprozessoren ist daher für derartige Aufgaben angepaßt. Aufbauend auf diesen Erkenntnissen wurde vom Zentrum für Forschung und Technologie der Mikroelektronik und unserem Institut ein neues Anlagensystem entwickelt, welches für sehr verschiedene Aufgaben der Mikroelektronik und Elektronik Anwendung finden wird.

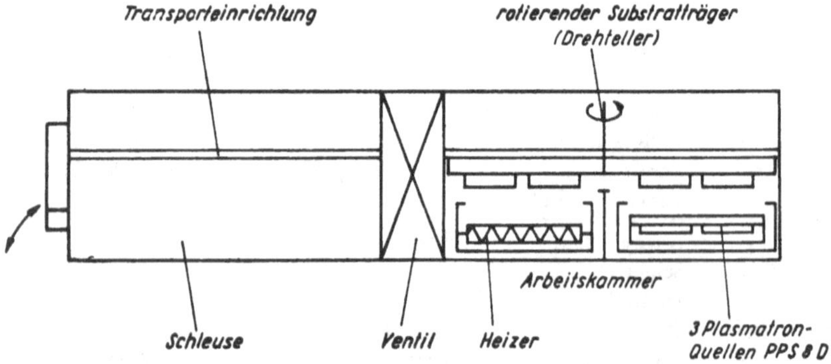

Abb. 16 Schema der Hochratezerstäubungsanlage HZS-03 mit Dreieck-Plasmatron-Quellen PPS 8D, Mikrorechnersteuerung und Anordnung der Substrate auf einem schleusfähigen Drehteller

In der einfachsten Ausführung handelt es sich um eine Zweikammeranordnung mit einer Schleusenkammer und einer Prozeßkammer. Das Schema zeigt Abb. 16. Die zu beschichtenden Substrate befinden sich auf einem Drehteller und werden mit dem Drehteller in die Prozeßkammer eingebracht. In der Prozeßkammer befindet sich eine Vorbehandlungsstation, z.B. ein Heizer und entsprechend der Aufgabe bis zu 3 Plasmatrons. Die technische Ausführung einer solchen Anlage zeigt Abb. 17. Wird eine höhere Produktivität notwendig, oder sind mehrere Prozeßkammern erforderlich, ist eine modulare in-line-Anlage mit Schleusen und mehreren getrennten Prozeßkammern zweckmäßig. Abb. 18 zeigt das Schema einer deratigen Anlage (HZS 02) mit einer Vorbehandlungskammer und zwei Beschichtungskammern. Die Substrate werden auf Paletten durch die Anlage transportiert. Je nach Bedarf können eine oder mehrere Prozeßkammern gleicher Bauart verwendet werden, es handelt sich also um ein ganzes Anlagensystem. Die technische Ausführung einer solchen Anlage zeigt Abb. 19. Die erläuterten Anlagen werden mit dem

Mikroprozessor K 1520 gesteuert. Die Fertigung dieses Anlagensystems ist angelaufen, 1979 wurden die ersten Muster hergestellt. Die Überführung der Anlagen in die Produktion beim Anwenderbetrieb mit zugehörigen Technologien erfolgt beginnend ab 1981. Wesentliche Anwender in der DDR sind die Kombinate Keramische Werke Hermsdorf für das Herstellen von Widerständen, Leiterbahnen und Kontakten, Elektronische Bauelemente Teltow für die Metallisierung von Keramik, Mikroelektronik für die Metallisierung von Halbleitern und Robotron sowie das Flachglaskombinat Torgau.

Abb. 17 Anlagensystem HZS
Anlage HZS-03 zum Hochratezerstäuben mit dem Plasmatron – Modulbauweise – Dreieckplasmatron PPS-8D – Prozeßkammer (1 bis 4 Plasmatrons, Heizer) – schleusbarer rotierender Substrathalter, ⌀ 600 mm (z. B. 18 Wafer ⌀ 100 mm = 54 Wafer pro Stunde bei 15 min-Takt) – Mikrorechnersteuerung (Programmierbarkeit im Dialog über Tastatur und Bildschirm)

International wird angenommen, daß 60...80% der Beschichtungsaufgaben der Elektronik und Mikroelektronik künftig durch Hochratesputtern mit dem Ringspalt-Plasmatron erfolgen wird. Wer ein Wort in der industriellen Vakuumbeschichtung mitreden will, muß sich mit diesem System auseinandersetzen.

Schlußfolgerung

Der Plasmazustand spielt also bei den verschiedensten Arbeiten in unserem Institut eine wesentliche Rolle. Wir betrachten es dabei nicht als unsere Aufgabe, neue Gesetze zu entdecken, sondern in einem System bekannter Gesetz-

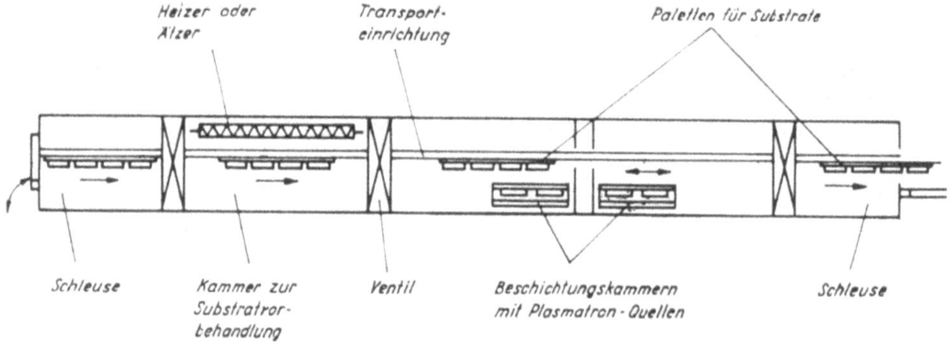

Abb. 18 Schema der Hochratezerstäubungsanlage HZS-02 mit Plasmatron-Quellen; Mikrorechnersteuerung und linearem Durchlauf der Substrate auf Paletten

Abb. 19 Ansicht der Anlage HZS-02 (ZFTM Dresden/IvA Dresden)

mäßigkeiten in weiße Felder vorzustoßen. Vielseitige technische und ökonomische Nebenbedingungen sind dabei zu beachten und beeinflussen oft maßgeblich unsere Entwicklungen. Von unseren Wissenschaftlern und Ingenieuren wird deshalb neben einem breiten Grundlagenwissen viel Verständnis für technische und ökonomische Belange erwartet. Unsere Wissenschaftler und Ingenieure müssen auch ein Gefühl für das bei uns Machbare haben. Der gleichzeitige Ablauf mehrerer physikalischer Vorgänge und die Vielzahl der Randbedingungen ergeben mitunter ein so komplexes Bild, daß es sehr schwer und kostenaufwendig wäre, die Ergebnisse der physikalischen Abläufe voneinander zu separieren und im einzelnen zu optimieren. So oft treten die Rückschläge bei Vorgängen auf, an die vorher niemand gedacht hat. Wissen und Ahnen sind also gleichermaßen wichtig für unsere Arbeit. Sehr pragmatisches Vorgehen ist oft notwendig, um schnell und mit wenig Aufwand zum Ziel, d.h. zu einer industriellen Anwendung zu gelangen.

Es ist dem in der Industrie tätigen Physiker eine große Hilfe, wenn er auf solche Standardwerke der physikalischen Disziplinen, wie sie in der Plasmaphysik von Robert Rompe und Max Steenbeck geschaffen worden sind, zurückgreifen kann, um somit schnell den Stand des Bekannten zu erfassen. Damit ist es möglich, die Zahl der Unsicherheiten wesentlich abzubauen. Durch Ihre Pionierarbeiten auf dem Gebiet der Plasmaphysik, sehr verehrter Herr Prof. Rompe, haben Sie wichtige Voraussetzungen dafür geschaffen, daß in der DDR die Nutzung der Plasmaphysik im Fertigungsprozeß einen so hohen Stand erreicht hat. Ihre Leistungen sind uns jüngeren Physikern zum Begriff geworden. Sie haben Maßstäbe gesetzt, an denen wir uns zu orientieren haben. Wir werden unser Bestes versuchen.

Ich wünsche Ihnen, sehr verehrter Herr Prof. Rompe, bei Ihrem so bedeutungsvollen Wirken für die Wissenschaft und Volkswirtschaft der DDR noch viel Schaffenskraft und persönlich alles Gute.

Literatur

[1] Rompe, R., Steenbeck, M.: Der Plasmazustand der Gase, in: Ergebnisse der exakten Naturwissenschaften, Bd. **18** (1939), 257.

[2] Rompe, R., Steenbeck, M.: Ergebnisse der Plasmaphysik und der Gaselektronik, Berlin, Bd. **1-3** (1967, 1971 und 1972).

[3] Hertz, G., Rompe, R.: Einführung in die Plasmaphysik und ihre technische Anwendung, Berlin 1965.

[4] Ardenne, M. v.: Tabellen zur angewandten Physik, Bd. **1-3**, Berlin 1962.

[5] Ardenne, M. v., Pochert, R., Roggenbuck, W., Wachtel, H., Wiese, P.: Der Plasmafeinstrahlbrenner, ein neuer Brennertyp für wirtschaftliches Schmelzschneiden, Schweißtechnik **14** (1964), 10, 441.

[6] ARDENNE, M. v.: Der Plasmafeinstrahlbrenner – Entwicklung, Einführung, Anwendung, in: URANIA, Berlin, **1** (1980).
[7] SCHILLER, S., HEISIG, U., PANZER, S.: Elektronenstrahltechnologie, Berlin 1976.
[8] CHAPIN, J.: Sputtering Process and Apparatur, US-PS 4166018 (1974).
[9] SCHILLER, S., HEISIG, U., GOEDICKE, K.: On the use of ring gap discharges for high rate vacuum coating, J. Vac. Sci. Technol. **14** (1977), 815.
[10] SCHILLER, S., HEISIG, U., GOEDICKE, K.: Advances in high rate sputtering with Magnetron/Plasmatron-Processing and Instrumentation, Thin Solid Films, **64** (1979) 455.

Hanns A. Rathsack

Antifouling-Forschung, neue Ergebnisse und wirtschaftliche Bedeutung

Es ist notwendig, eingangs einige Grundbegriffe zu erläutern, die zum Verständnis der Problematik notwendig sind. Anschließend sollen die Ergebnisse einer 15jährigen Forschungsarbeit zusammengefaßt werden, die unter Leitung Professor ROMPES in der Akademie durchgeführt wurden. Damit ist zugleich der Stand von 1970 wiedergegeben. Durch exakte Meßmethoden wurden diese Ergebnisse in den Folgejahren in der Lackindustrie wissenschaftlich untermauert. Damit befaßt sich der zweite Teil dieses Beitrages. Im dritten und letzten Teil werden die volkswirtschaftlichen Ergebnisse wiedergegeben, die sich in der Rückschau jetzt exakt ermitteln lassen und alle früheren Voraussagen bei weitem übertroffen haben.

Ein Schiff schwimmt mit seiner Bodenfläche in einer schwach alkalischen 3%igen Salzlösung. Dieses Medium erzeugt auf der Stahloberfläche durch Korrosion eine permanente Rauhigkeit. Sie läßt sich heute durch moderne Schutzanstriche, verbunden mit sogenannten Fremdstromanlagen, wirksam bekämpfen.

Gleichzeitig schwimmt das Schiff aber auch in einer Suspension von Bewuchsorganismen tierischer und pflanzlicher Art, die die Unterwasserfläche besiedeln. Um diesen Bewuchs, im Englischen fouling, zu verhindern oder zumindest zu verzögern, trägt man als letzte Schicht eines mehrschichtigen Unterwasseranstrichsystems einen vergifteten Anstrichstoff auf, die sogenannte Antifouling-Schicht. Der Bewuchs kann in ungünstigen Fällen bis zu 40 kg/m² betragen. Er verursacht die temporäre Rauhigkeit, die die permanente bei weitem übertrifft. Sie verschwindet wieder, wenn der Boden am gedockten Schiff mit großem Arbeitsaufwand gesäubert wird. Seine wirtschaftliche Auswirkung ist enorm. Um dies zu erkennen, muß man sich folgendes vergegenwärtigen:

Jede Zunahme der Oberflächenrauhigkeit um 1/50 mm erfordert einen zusätzlichen Kraftantrieb von 2,5% und einen zusätzlichen Energieaufwand von 10–12%.

Damit rückt die Antifoulingforschung in wirtschaftliche Bereiche, die eng mit der internationalen Ölpreissituation verknüpft sind und deren volkswirtschaftliche Auswirkung auf längere Sicht kaum noch zu überschauen ist. Das ist mit wenigen Worten die praktische Situation.

Dies war auch die Situation, als wir in den 50er Jahren im damaligen Institut für Strahlungsquellen der Akademie auf Anregung und unter Leitung Prof. ROMPES unsere Forschungsarbeiten begannen. Der Start war eigentlich eine einfache Fragestellung: Ob der Farbton einer Oberfläche im Seewasser die Besiedlung beeinflußt oder nicht. Um dies über längere Zeit beobachten zu können, bedurfte es zweierlei Voraussetzungen:

1. eines seewasserfesten Anstrichs,
2. eines Freiwasserstandes in organismenreichen Seegewässern.

Aus der ersten Voraussetzung entstand eine langjährige, sehr enge und sehr erfolgreiche Kooperation mit der Lackindustrie. Über gemeinsame Grundlagenforschung führte sie zu dem ersten Kooperationsvertrag der Akademie mit einem Industriezweig überhaupt.

Für die zweite Voraussetzung gab es in der Akademie die besten Bedingungen. Das Institut verfügte über die Außenstelle Hiddensee und einen seegängigen Kutter, von dem aus wir zwischen Rügen und Hiddensee einen dauerhaften Versuchsstand errichten konnten, und zwar in einem Gewässer, das reich an Bewuchsorganismen ist und deshalb besonders günstige Möglichkeiten für unsere Forschungsarbeiten bot.

Während sich die Lackindustrie schwerpunktmäßig mit dem Korrosionsschutz befaßte, untersuchten wir in der Akademie die Wirkungsweise von Antifoulinganstrichen.

Bis dahin waren Anstrichstoffe mit Cu- oder Hg-Verbindungen vergiftet und die günstigste Rezeptformulierung empirisch ermittelt worden. Demgegenüber beschäftigten wir uns mit dem Wirkungsmechanismus in einem Anstrichfilm. Dabei gelangten wir zu dem Ergebnis, daß man über photochemische Reaktionen eines speziell aktivierten ZnO den Anstrichfilm gezielt und dosiert abbauen kann, so daß immer neue Giftflächen freigelegt werden. Unterstützt wird dieser Effekt durch eine definierte Quellung des Lackfilms, die eine Nachlieferung des Giftes durch Diffusion zur Anstrichoberfläche bewirkt. Damit waren die Voraussetzungen für eine langanhaltende, regelbare Antifoulingwirkung gegeben, unabhängig von der gerade verwendeten Giftkomponente oder Giftkombination.

Der Fortschritt wurde mittels Versuchsstreifen an Seeschiffen praktisch demonstriert. Anschließend erfolgten Erprobungen an einem ganzen Schiff und schließlich die Einführung des neuen telsys-Systems in die Produktion.

In den letzten Jahren wurde der Antifoulingkomplex in der Forschung der Lackindustrie von einer neuen Seite aufgegriffen. ENGE untersuchte in einer Dissertation mit exakten Methoden und mittels eines hohen apparativen Aufwandes die Austrittsgeschwindigkeit des Giftes und deren Veränderung mit der Seewassereinwirkung und die Verteilung des Giftes im Anstrichsystem. Hier ist noch nachzutragen, daß wir bereits Ende der 60er Jahre die klassischen

Gifte Cu und Hg verlassen hatten und zu den wesentlich wirkungsvolleren organischen Zinnverbindungen übergegangen waren, speziell zum Tributylzinnoxid, abgekürzt TBTO.

Die Austrittsgeschwindigkeit wurde mit dem Tracerverfahren untersucht, bei der Synthese des TBTO wurde markiertes Sn eingesetzt. ^{113}Sn ist als γ-Strahler für derartige Materialschichtuntersuchungen besonders gut geeignet. Die Verteilung des Giftes im Anstrichfilm läßt sich sichtbar machen, wenn man die Rasterelektronenmikroskopie mit quantitativer Meßwerterfassung einsetzt, die sogenannte Mikrosonde. Es handelt sich dabei um die Kombination von Rasterelektronenmikroskop und Röntgenstrahlspektrometer. Mit der Mikrosonde kann man zerstörungsfrei in kleinste Probenbereiche vordringen und Konzentrationsveränderungen ermitteln. Außerdem läßt sich mittels Ablenkspulen die Oberfläche einer Probe abfahren. So liefert die Mikrosonde Erkenntnisse zum Abbau von Beschichtungen während der Bewitterung, nicht nur im inneren Gefüge, sondern auch auf der Oberfläche.

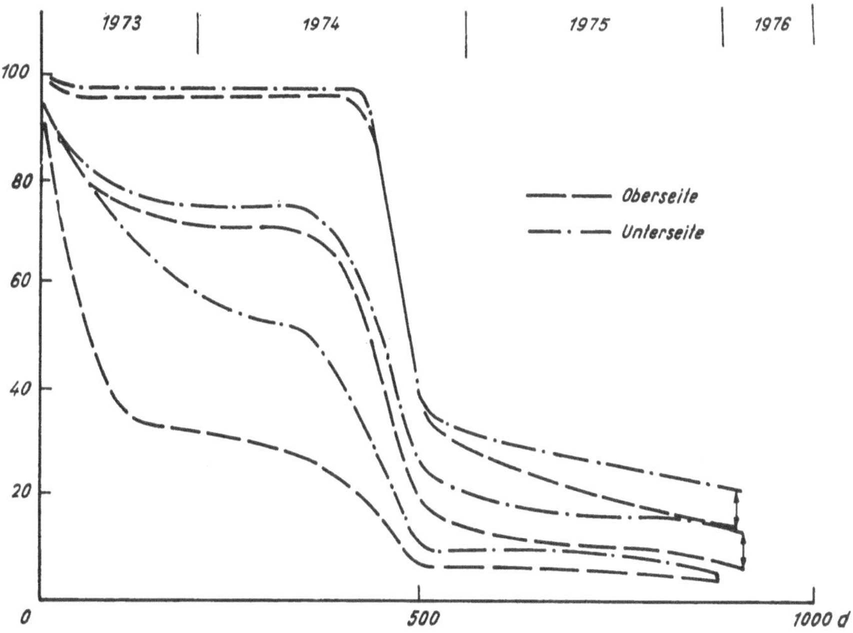

Abb. 1 Giftverluste am Freiwasserstand Hiddensee
oben: inerter Lackfilm
Mitte: Lackfilm mit leichter Quellung
unten: stark quellender Lackfilm

Zu den Ergebnissen:

Mit ^{113}Sn konnte zunächst nachgewiesen werden, daß nach den ersten 20 Tagen ca. 10% des TBTO verschwunden sind (Abb. 1). Der Abbau der Oberfläche spielt zu dieser Zeit noch keine Rolle. Es handelt sich hierbei um TBTO auf oder unmittelbar in der Oberfläche. Dann treten zwischen den verschiedenen Systemen gravierende Unterschiede auf. Ein harter, seewasserfester Anstrich gibt danach kein Gift mehr ab, bis er nach $1^1/_2$ Jahren zusammenbricht und nun sehr schnell das Gift verliert. Für die Praxis ist ein solcher Anstrich uninteressant, denn er bewächst sehr schnell. Die später einsetzende Giftwirkung tötet zwar den Bewuchs ab, dieser bleibt aber haften.

Ein stark wasserempfindlicher, quellender Anstrich gibt nach der Startphase kontinuierlich viel Gift ab, ist aber relativ schnell erschöpft. Das Optimum hinsichtlich Quellung und Filmabbau liegt zwischen beiden Extremen. Immer ist die Giftabgabe auf der dem Licht zugewandten Oberseite stärker als auf der Unterseite.

Mit diesen Traceruntersuchungen wurde unsere frühere Arbeitshypothese, aufgestellt an Hand unserer Beobachtungen am Hiddenseer Stand, bestätigt: Photochemischer Effekt und Quellung machen die Antifoulingwirkung regelbar. Eine wesentliche Erweiterung ergaben Messungen mit der Mikrosonde. Es wurden glatte Schnitte durch das Anstrichsystem angefertigt, und die so entstandene Bruchfläche wurde mit dem Sondenstrahl abgefahren, beginnend

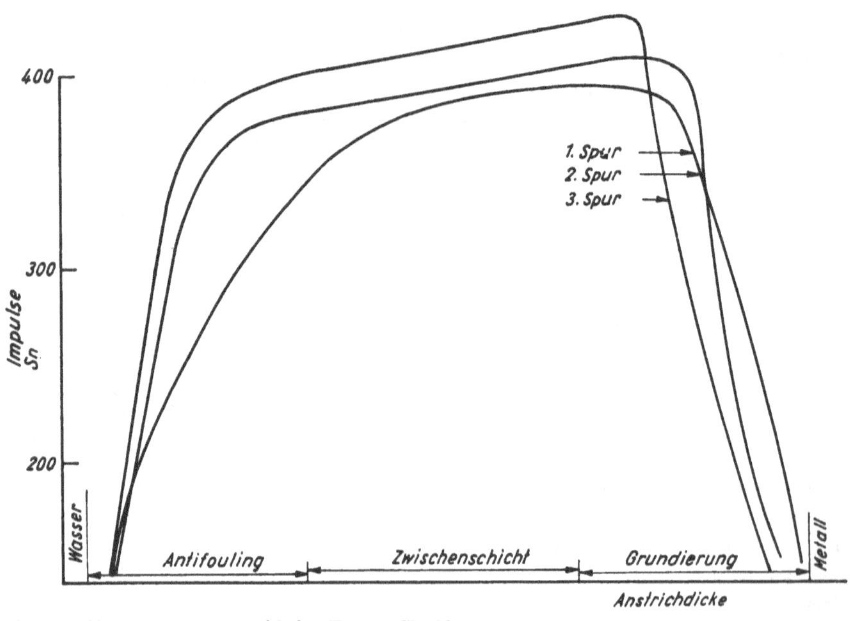

Abb. 2 Konzentrationsprofil des Zinns (TBTO)

am Metall über die Korrosionsschutzgrundierung, die Isolierschicht und die Antifoulingschicht. Das Ergebnis war überraschend.

Im Konzentrationsprofil (Abb. 2) erkennt man in der Antifoulingschicht einen Anstieg der TBTO-Konzentration von außen nach innen. Das war erwartet worden. Dann aber verteilt sich das TBTO gleichmäßig über die gesamte Isolierschicht und einen großen Teil der Grundierung. Der in diese beiden Schichten eingewanderte TBTO-Anteil ist verloren, er trägt nicht zur Antifoulingwirkung bei.

Das Konzentrationsprofil läßt sich fotografisch darstellen, wobei man einmal die Sekundärelektronenemission des Ti vom TiO_2-Pigment und einmal die des Sn vom TBTO aufnimmt und diese Abbildungen deckungsgleich nebeneinanderlegt. Dann lassen sich die einzelnen Schichten lokalisieren, weil nur die Grundierung und die Antifoulingschicht TiO_2 enthalten, nicht aber die Isolierschicht. In der Abb. 3 sind diese Möglichkeiten zusammengestellt.

Abb. 3 Drei verschiedene Auswertungen mit der Mikrosonde im gleichen Anstrichbereich
links: Oberflächentopografie, oben Anstrichkante
Mitte: Verteilung des Ti zur Kennzeichnung der Anstrichschichten
unten Grundierung
Mitte Zwischenschicht
oben Antifouling
rechts: Verteilung des Giftes Sn (TBTO)

In Abb. 4 wird nur Sn sichtbar gemacht, der Untergrund besteht aus Messing. Das Antifoulingsystem hat 3 Jahre im Wasser gelegen. Gut $^1/_3$ der Oberfläche ist zerklüftet und nahezu frei von Gift, das sich in der Grundierung konzentriert angesammelt hat.

Mit der Abb. 5 wird die Oberfläche eines solchen Anstrichs in der Aufsicht dargestellt. Ein wesentlicher Fortschritt läßt sich erzielen, wenn man in die Grundierung Stoffe mit Blättchenstruktur einbaut, die die Gift-Diffusion erschweren (Abb. 6). Nach 3 Jahren Auslagerung ist bedeutend weniger TBTO verlorengegangen.

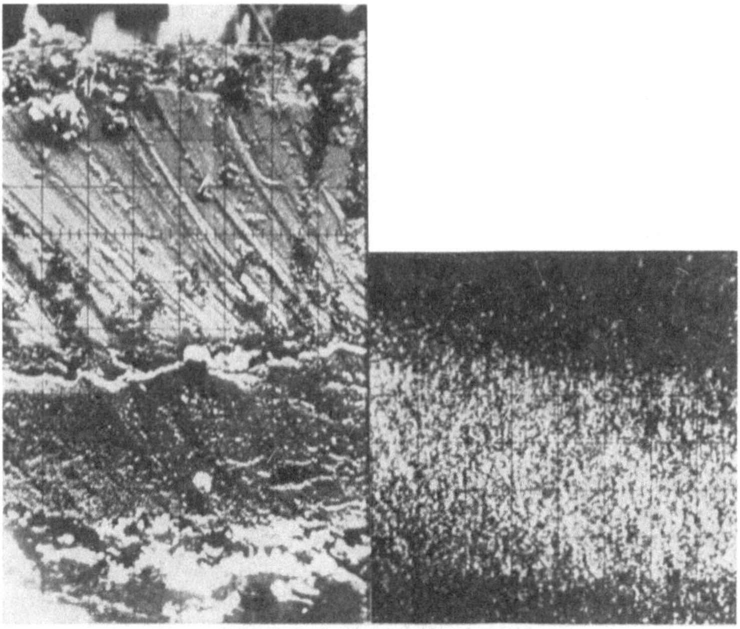

Abb. 4 Antifoulingschicht nach dreijähriger Auslagerung
rechts: Verteilung des Sn (TBTO)
links: zerklüftete und an Sn verarmte Oberfläche, oben Messingunterlage

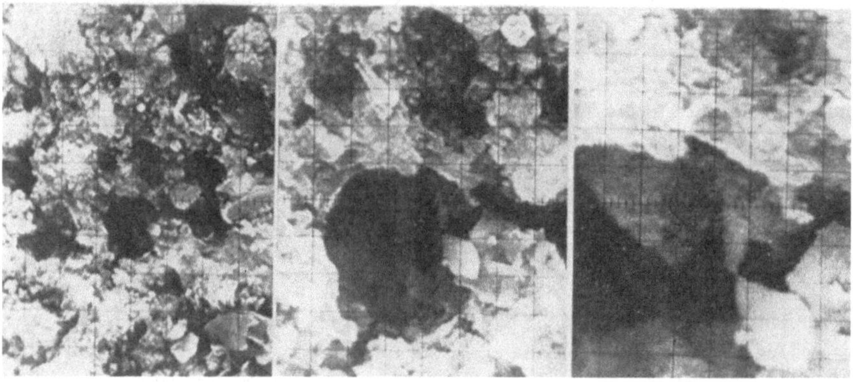

Abb. 5 Oberfläche eines dreijährigen Antifoulinganstrichs in 2000-, 5000- und 100000-facher Vergrößerung

In Abb. 7 erkennt man, wie schnell die Abwanderung des TBTO vor sich gehen kann. Es handelt sich um einen frischen Anstrich, 24 Stunden nach dem Auftragen.

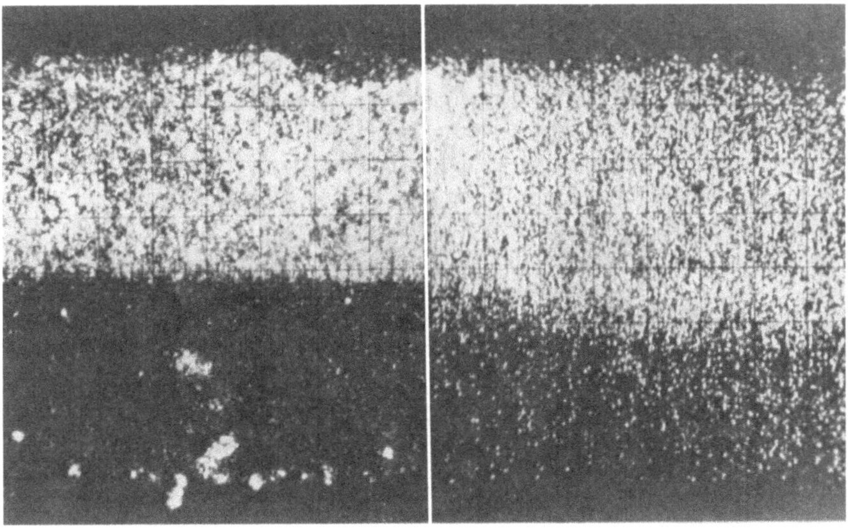

Abb. 6 Anstrichsystem nach 3 Jahren Auslagerung, die Diffusion des TBTO in den Untergrund wurde blockiert

Beeinflußt wird die Verteilungsgeschwindigkeit ganz wesentlich vom Trocknungszustand der Grundierung und der Zwischenschicht vor dem Auftragen des Gift-Anstrichstoffes. Je lösungsmittelhaltiger ein Untergrund noch ist, je schneller verteilt sich das TBTO im System und um so geringer ist das Giftangebot an der Oberfläche.

So führen Erkenntnisse aus derartigen Messungen zu neuen Formulierungsprinzipien, zum kostengünstigeren Einsatz von Rohstoffen, und schließlich beweisen sie die Notwendigkeit zur exakten Einhaltung der Verarbeitungsvorschriften beim Anwender.

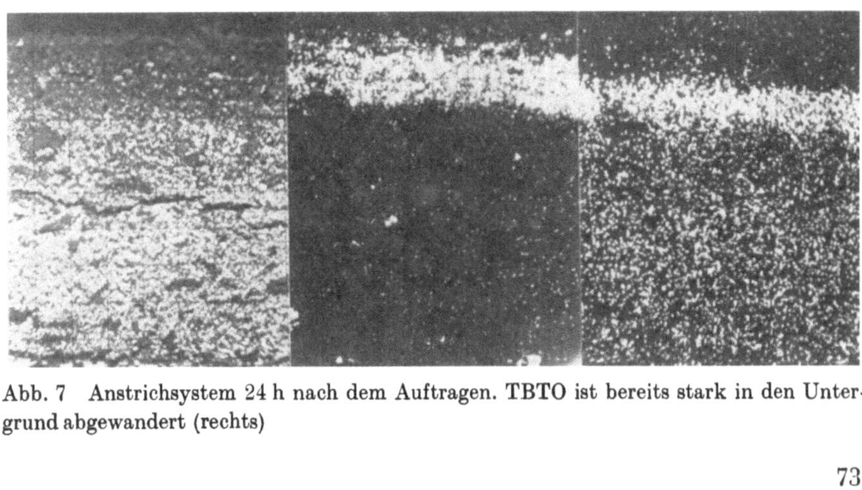

Abb. 7 Anstrichsystem 24 h nach dem Auftragen. TBTO ist bereits stark in den Untergrund abgewandert (rechts)

Zum Schluß eine zusammenfassende Darstellung der ökonomischen Effekte einer fast 15jährigen Forschungskooperation Akademie/Lackindustrie, wie sie sich heute in der Rückschau exakt angeben läßt.

Die Ausgangswerte hatten wir seinerzeit noch selber ermittelt.

MS „Magdeburg", ein Frachter der Deutschen Seereederei Rostock, Tragfähigkeit etwa 10000 t, wurde zuerst mit einem konventionellen und später mit einem hochwertigen Anstrichsystem konserviert. Die Folge war eine Verlängerung des Dockintervalls von 7 auf 22 Monate.

Verglichen wurden auch die durchschnittlichen Geschwindigkeiten mit altem und neuem Anstrichsystem auf der gleichen Route (Vorderindien). Die Werte sind in der Tab. 1 zusammengestellt.

Tabelle 1 Schiffsgeschwindigkeiten mit konventionellem und neuem Anstrichsystem (telsys), gemessen auf der Vorderindienroute

	alt kn	neu kn
ab Rostock	15,2	15,0
bis Bombay	15,0	15,0
bis Kalkutta	14,5	15,1
bis Bombay (Bedipunder)	11,2	14,9
bis Rostock	11,6	14,8

MS „Magdeburg" hatte mit altem System einen Geschwindigkeitsverlust von 23,4% zu verzeichnen und benötigte damit 12 Tage zusätzlich, um die gleiche Strecke zurückzulegen. Damit sind die Folgen mangelhaften Schutzes noch nicht abgetan. Gleichzeitig erhöht sich auch der Treibstoffverbrauch. Ein Neubau der DSR, MS „Werner Seelenbinder" (Tragfähigkeit 10300 t) verbrauchte auf der Westafrikaroute nach längerer Liegezeit in Nigeria zusätzlich 5 t Treibstoff pro Tag. In diesem Fall demonstrierte ein Schwesterschiff, MS „Edgar André", die Überlegenheit eines hochwertigen Anstrichs (Tab. 2).

Diese Einzelbeispiele sind nach 10 Jahren Praxis Stand der Technik geworden. Die Einsatzzeit aller Seeschiffe konnte verdreifacht werden, anstatt 7 Monate beträgt sie 2 Jahre. Das zeigt eine Zusammenstellung (Tab. 3) von Seeschiffen auf allen Fahrtrouten.

Im Schnitt betrug die Fahrzeit mit Sicherheit über 24 Monate. Die tatsächliche Fahrzeit konnte nicht ermittelt werden, weil nach 2 Jahren eine sicherheitstechnische Dockung vorgeschrieben ist. Unser System ist nach wie vor eine internationale Spitzenleistung. Nach eigenen, ganz gewiß nicht untertriebenen Angaben versprechen bekannte ausländische Hersteller Schutzwirkungen von 12, 16 und in ganz wenigen Ausnahmen 24 Monaten. Legt man eine sichere

Tabelle 2 Geschwindigkeit und Treibstoffverbrauch mit konventionellem und neuem System (telsys), gemessen an 2 Schiffen gleichen Typs auf der Westafrikaroute

	MS „Edgar André"	MS „W. Seelenbinder"
Anstrich	telsys	konventionell
aufgetragen	Februar 1962	Februar 1964
längste Liegezeit	3 Wochen	3 Wochen
	Port Harcourt	Lagos
	Nigeria	Nigeria
Geschw.-Verlust	—	2 sm/h (13%)
Mehr Treibstoff	—	2 t/Tag (30%)
1. Reparaturdockung	24 Monate	$6^1/_2$ Monate

Tabelle 3 Durchschnittliche Fahrzeiten mit neuem Anstrichsystem

Schiffsname	Fahrgebiet	Fahrzeit in Monaten	Zustand des Bodens
Quedlinburg	Fernost	23	gut
Neubrandenburg	Fernost	24	gut
Frieden	Fernost	40	befr.
Neubrandenburg	Fernost	28	befr.
Eilenburg	Kuba	29	gut
Bernburg	Südamerika	30	gut
Oelsa	Nord-, Ostsee	26	gut
W. Seelenbinder	Ostafrika	24	befr.
Hiddensee	Westafrika	24	gut
Altenburg	Südamerika	24	gut
H. Kapelle	Ostafrika	22	gut
Rhön	Ostafrika	23	gut

Fahrtzeit von 24 Monaten zugrunde, kann man rechnerisch den volkswirtschaftlichen Nutzen von 1962 bis 1979 ermitteln. Dazu benötigt man folgende Angaben:

Mit einer durchschnittlichen Jahresrate von 70 Schiffen wurden insgesamt 1053 Schiffe mit telsys konserviert. Ihre Größe betrug im Mittel 10000 tdw. Die wirtschaftlichen Daten dieses Typs kann man also als Rechengröße benutzen. Bei Stillegung eines solchen Schiffes sind dies nach Angaben der Reederei:

8500,— M laufende Kosten pro Tag,
7200,— VM Frachtausfall pro Tag.

Ferner muß man noch wissen, daß eine Dockung rund 68000,— M kostet und 6 Tage dauert.

Über mehrere Vergleichsuntersuchungen wurde ermittelt, daß durch Bewuchs ein Geschwindigkeitsverlust von durchschnittlich 11,5% auftrat. Die Reisezeit eines Schiffes soll 300 Tage im Jahr betragen. Dann bedeuten 11,5% Geschwindigkeitsverlust rund 34 Tage. Zusammen mit der 6tägigen Dockung können somit 40 Tage pro Jahr ausfallen.

Der gewählte Prototyp verbraucht 22 t Treibstoff pro Tag. Eine t kostete 1964 210,– M. Die zur Erreichung des gleichen Ziels mit dem alten System zusätzlich notwendigen 34 Tage pro Jahr erforderten also 157000,– M an zusätzlichem Treibstoff. Jetzt kann man summieren (Tab. 4).

Tabelle 4 Ökonomische Auswirkungen eines konventionellen Anstrichsystems

68143,–	Dockung
340000,–	Fahrzeitverlust
157000,–	Treibstoffmehrverbrauch
465143,–	M pro Jahr
und	
288000,–	VM Frachtausfall

Von 1962 bis 1979 ergibt sich daraus ein volkswirtschaftlicher Nutzen an 1053 Schiffen von 980 Mio M + 606 Mio VM. Diese Summe von 1,5 Milliarden Mark liegt noch weit unter dem tatsächlichen Nutzen. Er umfaßt nur den Einsatz im VEB Deutsche Seereederei, wobei die enorm gestiegenen Ölpreise nicht einkalkuliert wurden. Die DSR bezog nur die Hälfte der produzierten Anstrichstoffe. Die andere Hälfte wurde vom Schiffbau für Exportaufträge verarbeitet. Hieraus entstand ein direkter Nutzen, indem die Werften bei der sogenannten Garantiedockung nach einjähriger Betriebszeit nur geringe Ausbesserungsarbeiten am Schiffsboden auszuführen hatten. Schließlich muß noch ein Anstrichstoffexport in Höhe von einigen Millionen Valutamark erwähnt werden.

So rundet sich das Bild ab. Eine sehr lange Grundlagenforschung mit einer sinnvollen Arbeitsteilung zwischen Akademie und Lackindustrie, eine zielgerichtete Erzeugnisentwicklung beider Kooperationspartner auf der Basis der Grundlagenforschung und sehr viel Stehvermögen bei der Einführung dieses Erzeugnisses haben schließlich zu einem ungewöhnlichen und abrechenbaren volkswirtschaftlichen Nutzen geführt.

Herr Professor Rompe eröffnete mit seiner Anregung eine damals ungeahnte Entwicklung. Er förderte die Arbeiten mit vielen Ideen. Und in der kritischen Überführungsphase übte er mit seiner ganzen Persönlichkeit den notwendigen Druck nach außen aus und verschaffte uns damit immer wieder Bewegungsfreiheit. Deshalb haben wir im ganz besonderen Maße ihm unsere Erfolge zu verdanken.

Robert Rompe

Schlußwort

Liebe Freunde, liebe Genossen!

Ich möchte mit Rücksicht auf die Zeit kein ausführliches Schlußwort veranstalten, außerdem habe ich den Eindruck, nach dem, was hier an Interessantem vorgetragen wurde, ist es eigentlich zu früh für ein Schlußwort. Man muß sehen, wie das alles noch weitergeht. Es wird noch viel spannender werden, glaube ich. Aber ich möchte, da ich einmal hier vorne stehe, Ihre Aufmerksamkeit in Anspruch nehmen, um einige Punkte von mir aus noch beizusteuern. Vor allen Dingen im Hinblick auf das Problem der Kreativität und der Verantwortlichkeit des Wissenschaftlers, welches ja in den beiden ersten Beiträgen von J. AUTH und von H. SCHEEL an meiner Person hier vorgestellt wurde.

Es ist richtig, bei mir hat der Kontakt zur Praxis immer eine außerordentlich starke Position gehabt. Obgleich ich mich natürlich sehr freue über den ökonomischen Erfolg der Farbenuntersuchungen, die Kollege RATHSACK hier eben vorgetragen hat, glaube ich aber nicht, daß mit der ökonomischen Seite diese Problematik ausgeschöpft ist. Natürlich kann Geld jeder gebrauchen, auch die DDR kann viel Geld gebrauchen. Anständige Leute können mit Geld sehr viel Gutes stiften. Das Gegenteil ist auch richtig. Das heißt, es ist eben so, das Ökonomische muß uns natürlich sehr bewegen, aber vom Standpunkt der Wissenschaft ist es nicht das Alleinbestimmende. Ich möchte hier zwei Leute zitieren, auf deren Urteil ich immer großen Wert gelegt habe. Das eine ist der berühmte Mathematiker und theoretische Physiker HERMANN WEYL, der, als er gefragt wurde, warum ist die Mathematik richtig? – das war in der Zeit der sogenannten „Grundlagenkrise" der Mathematik – geantwortet haben soll: „Die Mathematik ist richtig, weil die Physik stimmt." Und wir haben, nachdem wir das vernommen haben, das hat HEINRICH GRELL bei uns einmal vorgetragen in der Klasse, gesagt: „Naja, das ist doch sehr schön, die Physik ist richtig, weil die Maschinen funktionieren." Wir hätten auch HILBERT zitieren können, der gesagt hat: „ Die ganze Kultur der Mathematik kommt von ihrem Kontakt mit der Physik."

Im Grunde genommen geht es darum, hier zu zeigen, daß in der Wissenschaft das Kriterium von ENGELS über die Richtigkeit von Theorien voll praktiziert wird.

Der zweite Satz, den ich hier vortragen würde, ist von EINSTEIN, und ich halte ihn für sehr bedeutungsvoll, gerade für die Perspektive des Wegs zum Kommunismus und der Wissenschaft im Kommunismus. Und der stößt natürlich heute auf viele Mißverständnisse und, sagen wir einmal, auf Skepsis und Ablehnung. EINSTEIN hat wiederholt in seinen Briefen an BORN geschrieben: „Man soll aus der Erkenntnissuche keinen Broterwerb machen.“ Er hat nicht gesagt, man soll keine Erkenntnissuche veranstalten, aber man soll sie nicht als Broterwerb veranstalten. Und er hat ja in seiner Jugendzeit erlebt, wie man aus einer gesellschaftlich nützlichen Tätigkeit, er war Patentsachbearbeiter in Bern, ungeheure Impulse bekommt, um ganz fundamentale Probleme aufzuwerfen. Natürlich ist nicht jeder ein EINSTEIN, und das Phänomen EINSTEIN ist so singulär, daß man das vielleicht nur so erwähnen sollte. Aber ich glaube, daß die kreativen Fähigkeiten des Menschen durch Kontakte sehr praktischer Art nicht behindert, sondern eher gefördert werden. Ich habe vor einigen Tagen einen Aufsatz über Mathematik von dem berühmten Mathematiker J. NEUMANN, JANOS NEUMANN haben wir ihn genannt, als er hier in Berlin tätig war, gelesen. JANOS NEUMANN hat folgendes geschrieben: „Bevor man daran gehen konnte, die Theorie des Flugzeugs zu machen, mußte man erst mit einem solchen geflogen sein.“ Und so geht es meistens, d. h., man muß einen unmittelbar anschaulichen Kontakt mit dem Geschehen sich erworben haben, um sicher zu sein, daß man keine Spekulationen blödsinniger Art veranstaltet, sondern etwas macht, was wirklich funktioniert. Ich habe den Eindruck, daß diese beiden Aussprüche von EINSTEIN und NEUMANN Kriterien sind, über die man nachdenken muß. Es gibt viele Gebiete der Wissenschaft, ich möchte höflicherweise keine nennen, bei denen das Fliegen mit dem Apparat nicht geht. Ich habe den Eindruck, daß gerade auf diesen Gebieten die Urteilsfindung über die Brauchbarkeit oder Richtigkeit einer Theorie außerordentlich schwierig ist und meistens auch nicht befriedigend ist. Das heißt, es ist vor der Wissenschaft das Problem, die Dinge zu machen, die bleibenden Wert haben, oder sich auf Gebieten zu betätigen, die sehr reizvoll sind, die echte offene Fragen aufgreifen, wo aber die Entscheidbarkeit der Bewertung des Resultats nicht so ohne weiteres gegeben ist. Ich möchte das hier nicht ausspinnen, ich möchte Ihnen das nur vorlegen, weil ich glaube, daß es ein Problem ist, das uns in der nächsten Zeit – ich sage ruhig auf dem Weg zum Kommunismus – immer mehr beschäftigen wird. Denn es ist ganz klar, daß wir den Überschuß an allen guten Dingen, die der Kommunismus voraussetzt, nicht anders schaffen können, als durch volle Mobilisierung aller wissenschaftlicher Potenzen. Ich würde sagen von acht bis fünf. Es wird natürlich immer wissenschaftliche Fragen geben, die sinnvoller Weise nach fünf bearbeitet werden sollen und müssen. Und den Sinn für diese Dinge müssen wir wecken.

Ich darf vielleicht einen nächsten Punkt andeuten. Das ist die Frage: Wie soll man sich als Wissenschaftler ansehen? Ich persönlich würde sagen, ich habe den Stab in der endlosen Stafette ohne Schlußläufer, die die Wissenschaft darstellt, weitergegeben. Da die Erkenntnis unbegrenzt ist, ist die Kette der Leute, die die Erkenntnis erkämpfen müssen, ja auch nicht begrenzt. Ich muß sagen, in dieser Kette habe ich den Stab empfangen von jemandem, der zum

Schluß auch unser Mitglied war, das war FRIEDRICH ADOLF WILLERS – das möchte ich doch der Gerechtigkeit halber sagen –, Mathematiker, ein Schüler von FELIX KLEIN und KARL RUNGE in Göttingen, der mich eigentlich, als ich 15, 16 Jahre alt war, auf den richtigen Dreh gebracht hat. Im Grunde genommen war seine entscheidende Anregung nicht irgend eine Belehrung, sondern er hat einmal gesprächsweise gesagt: „Sie sollten einmal die populär-wissenschaftlichen Schriften von LUDWIG BOLTZMANN lesen." Das habe ich dann auch getan.

Und ich möchte nun etwas anderes erwähnen, was mit den Ausführungen von HEINRICH SCHEEL zu tun hat. Es war ein Zufall, daß ich kurz danach das Kommunistische Manifest gelesen habe. Ich war natürlich damals nicht genügend gebildet, um den ganzen Inhalt, weder der Schriften von BOLTZMANN noch von MARX und ENGELS, auch nur annäherungsweise zu erfassen. Aber eine Sache hat mich ungeheuer beeindruckt, daß man nämlich über alle diese Gebiete in einer Sprache sprechen konnte, in einer Sprache! Denn die Sprache von MARX und ENGELS und die Sprache der gebildeten Naturwissenschaftler ist die gleiche. Und daß unsere allgemeinverständliche Sprache ein ungeheuer machtvolles Instrument ist, das wir uns nur getrauen müssen zu gebrauchen, ohne Zuflucht zu nehmen in esoterischen Fachjargons. Das ist das Große an diesen Werken. Das habe ich begriffen. Und ich muß sagen, ich habe praktisch mein ganzes Leben lang versucht so zu verfahren, und die „Bauernregeln", die hier zitiert wurden, sind ein Ausfluß dessen, was ich – ich möchte es ohne weiteres sagen – zumindestens bei FELIX KLEIN, bei LUDWIG BOLTZMANN gelernt habe. Und im Grunde genommen ist es eben so, daß dieses Gefühl, daß man den Stab beizeiten und ordnungsgemäß weitergeben muß, mich mein ganzes Leben beherrscht hat. Und ich glaube, das muß jeden Wissenschaftler beherrschen. Seine Rolle ist nicht die dominierende, es ist im Grunde genommen wie die Generationsfolge bei den Menschen in der körperlichen Fortpflanzung. Hauptsache, das Menschengeschlecht lebt weiter und lebt anständig und vernünftig weiter, und genau so muß es in der Wissenschaft sein. Das Weitergehen ist das wichtige. Man könnte sagen, es ist häufig, daß ältere Wissenschaftler ein Bestreben haben, den Schlußstein in die Wissenschaft setzen zu wollen. Ich habe das zweimal in einer tragischen Weise erlebt. Das einemal bei WALTER NERNST und das zweitemal bei jemandem, der viel jünger war, bei WERNER HEISENBERG. Und beide Male die Enttäuschung dieser hochintelligenten Leute, als es doch nicht klappte. Aber das ist ein anderes Kapitel. Es ist besser, man bescheidet sich von vornherein und sagt, ich bin ein Mann, der einen Stab bekommen hat, und ich habe ihn weiterzugeben.

Was mich so gefreut hat an dem heutigen Tag, daß so viele jüngere Kollegen, großartige Leute, die von diesen Gebieten, auf denen ich auch einmal gearbeitet habe, viel mehr verstehen, als ich je verstanden habe, daß sie den Stab, den ich ihnen einmal gereicht habe, so wunderbar weitergetragen haben und so zu schönen Resultaten gekommen sind. Das ist ein großartiges Erlebnis. Und ich muß sagen, wir können da ruhig anknüpfen an alte große Traditionen unserer

Universitäten und unseres Forschungsbetriebes. Ich möchte daran erinnern, daß der größte Teil des wissenschaftlichen Nachlasses eines großen Mathematikers und theoretischen Physikers, BERNHARD RIEMANN in Göttingen, des Nachfolgers von GAUSS, aus Vorlesungen stammt, die er vor vier und fünf Hörern gehalten hat, wobei allerdings in den Vorlesungen Leute wie DEDEKIND saßen, die später das aufgeschrieben und mitgeteilt haben – die tiefen Gedanken die er selbst nie publiziert hat. Ein großer Teil der geistig-schöpferischen Tätigkeit wurde verbal mitgeteilt in diesen Vorlesungen. Und wenn KURT HAGER meiner Ansicht nach sehr verdienstvoll herausgestellt hat als ersten Punkt seiner Zusammenfassung im Schlußwort zur V. Hochschulkonferenz, die Persönlichkeit des Lehrers einer Universität macht den Glanz einer Universität aus, dann habe ich an DEDEKIND gedacht und an BERNHARD RIEMANN. Das ist der Glanz der Universitäten, solche Persönlichkeiten. Und diese Persönlichkeiten leben auch unter uns. Die heute gesprochen haben. Alles solche Persönlichkeiten. Wir müssen uns nur trauen, sie als solche zu sehen und sie als solche sozusagen auch anzuerkennen. Ich habe den Eindruck, daß alle diese Dinge sehr tröstlich sind für jemand in meinem Alter, dem es eben immer daran gelegen hat, sich nicht nur eine große Familie zu schaffen, sondern auch viele geistige Kinder zu hinterlassen, die alle zusammen gewisse nützliche Keime weitertragen.

Einen letzten Punkt darf ich vielleicht noch sagen, um Ihre Zeit nicht zu lange in Anspruch zu nehmen, das ist die Frage des Engagements. Die Wissenschaft wird immer mächtiger, die Erkenntnis davon, was die Wissenschaft alles leisten kann, breitet sich immer mehr aus, und ich möchte ganz vereinfacht sagen, es ist so außerordentlich wichtig für einen Wissenschaftler, daß er mit ruhigem Gewissen Wissenschaft treiben kann, daß er ruhig schlafen kann, wenn er etwas Neues gefunden hat. Und das zwingt ihn, beizeiten Stellung zu nehmen, für die Kräfte, die das Wohl der Menschheit, die den Frieden und die Ruhe wollen. Und sich nicht blenden zu lassen durch Möglichkeiten, die mit riesiger Ausbeutung und mit Verschwendung von Materialien erkauft sind, um irgendwo einmalige Vorteile im technischen Fortschritt zu erreichen. Ich glaube, es ist für jeden Wissenschaftler fast obligatorisch, sich ebenso wie mit seinem Fach auch mit der politischen Situation, mit den gesellschaftlichen Problemen zu beschäftigen. Das rundet den allgemeinen Status des Wissenschaftlers ab. Im Grunde genommen ist es eben so, die Wissenschaft ist ja keine olympische Veranstaltung, wo man Medaillen vergibt, sondern sie ist etwas, was zum Wohle der Gesellschaft gemacht wird, und ohne gesellschaftlichen Nutzen ist die Wissenschaft praktisch nur halb, führt zu Kompendien, Scholastik. Das heißt, wenn man das bedenkt, muß man sagen, genauso wichtig wie das richtige Verhältnis zur Wissenschaft und zur Kreativität ist die Frage des politischen Engagements. Ich habe das in meinem Leben immer versucht zu praktizieren, und ich habe mich sehr gefreut, daß die Genossen, die am Anfang gesprochen haben, das nicht vergessen haben.

Dankeschön für die Aufmerksamkeit!

ISSN 0138—3956

FSC
www.fsc.org
MIX
Papier | Fördert
gute Waldnutzung
FSC® C083411

Zeitfracht Medien GmbH
Ferdinand-Jühlke-Straße 7
99095 Erfurt, Deutschland
produktsicherheit@kolibri360.de